W0086909

Fèro • Michael Wachtler

»Gebt der Wildnis das Wilde zurück!«

Ein Mann der Berge kämpft für die Natur

Inhalt

Die Wege kreuzen sich

Vom Bauernkind zum jungen Senner und Hirten

Raubbau an der Wildnis

Aufbruch in das Land jenseits der Zeit

Fèros Wissen über Pflanzen

Die Wege kreuzen sich

Begegnung mit dem Mann der Berge

Jahrzehntelang durchwanderte ich die Alpen – immer auf der Suche nach Neuem, Unbekanntem. Ich drang dabei tief ein in die Täler und Berge dieser europäischen Urlandschaft. Meine ausgedehnten Wanderungen führten mich durch einsame Wälder wie auf eiskalte Gletscher, sogar bis in die Höhlen und Grotten tief im Gestein, die niemals ein Licht sahen. Ich entdeckte dabei mehr neue Pflanzenarten und Fossilien als irgendein Mensch vor mir. Auch am bisher größten Goldfund in den Alpen war ich beteiligt. Doch eine „Entdeckung" der ganz anderen Art sollte mein gesamtes Leben prägen.

Grund dafür war eine alte Freundin: Noris Cunaccia. Es zog sie nach einem Leben in der Hektik unserer modernen Städte in die Wildnis. Sie wurde Kräutersammlerin. Eines Tages nahm sie mich spontan zu einem Bekannten mit. Plötzlich stand ich einem bärtigen Waldmenschen gegenüber. Sie stellte uns kurz vor, und eh wir's uns versehen hatten, verabschiedete sie sich und ließ mich mit dem unbekannten „Sonderling" allein. Der Mann blickte mich sanftmütig und wortlos an. Seine Gestalt ähnelte in meinen Augen einer knorrigen Zirbe, während sich in seinem Antlitz die Maserung des Walnussbaumes abzeichnete. Eine Aura von Gutmütigkeit und Gefühl umschwebte ihn. Ich spürte sie so ausdrucksstark wie den Wald und die Berge. Mir schien, als hätte er wie eine Insel im Ozean die Zeit überdauert, so dass ich Schwierigkeiten hatte, sein Alter einzuschätzen. Er mochte um die sechzig sein – vielleicht war er aber auch schon Millionen Jahre alt.

Ferruccio Valentini, so hieß „der Wilde", wurde von allen einfach Fèro genannt. Er lebte in einer schlichten Bauernkate inmitten alter Tische, Stühle, Bücher, seinem Bett, umgeben vom würzigen und heimeligen Geruch getrockneter Wildkräuter – in Tuenno, einem kaum bekannten Dorf im norditalienischen Trentino. Das fast zerfallene Haus renovierte er im Lauf der Jahre sorgfältig und mit viel Liebe: außen wie innen. Aus den Kacheln ausgemusterter alter Öfen baute er sich seine eigenen Öfen. Ein aus einem großen Steinblock herausgefrästes einfaches Becken diente ihm zum Waschen. Sein ehrwürdiges Haus aus den Materialien der Natur vermittelte einen erstaunlich aufgeräumten Eindruck. Das Geschirr war frisch gewaschen, der antike Holzboden fein säuberlich geschrubbt, alles stand an seinem Platz. Auf Anhieb fühlte ich mich in der Gegenwart des urigen Kauzes wohl und empfand es als eine besondere Ehre, in seinem Allerheiligsten zu sein.

In seinen Holzregalen standen ordentlich aufgereiht viele Bücher, darunter zahlreiche Werke über Kräuter wie Mattiolis' *Dioskurides* aus dem 16. Jahrhundert. Erst dachte ich, sogar ein Original zu sehen. Doch nach einiger Zeit erkannte ich, dass es sich um ein Faksimilé handelte, gewissermaßen einen neuen alten Mattioli. Doch der Rest der Bücher war uralt, so schien es jedenfalls. Die Patina der Zeit lag auf ihnen. Ich wusste mir zunächst keinen Reim darauf zu machen, ob Fèro sie in Gebrauch hatte oder sie einzig als Schmuck dienten – doch fühlte ich, dass sie mit seinem Wesen eine Einheit von Zeitlosigkeit und uralter Weisheit bildeten.

Er verwendete eigens gesammelte und getrocknete Kräuter wohl jeden Tag, wie ich aus einer bereiteten Mahlzeit ersehen konnte. Überall standen Gläser mit getrockneten Kräutern oder hingen Pflanzenbüschel von der Decke. Alles in diesem Haus war Natur oder hatte mit ihr zu tun.

Während ich mich in den Räumlichkeiten umsah, legte Fèro gemächlich Holzscheite in einen alten Herd und machte Feuer. Er tat das mit großer Muße und Hingabe und strahlte dabei eine zeitlose Ruhe aus. Wer weiß heute noch, sinnierte ich, dass die Hauswärme nicht in einer automatisch funktionierenden Zentralheizung steckt? Das ist den meisten Menschen wohl gar nicht mehr bewusst. Ich blickte aus dem Fenster. Vor seinem Haus hatte er sich auf wenig Fläche einen eigenen Garten angelegt, mit verschiedenen Kräutern und Gemüsepflanzen. Ich kann versichern, dass ich bis dahin noch nie einen solch geordneten und gleichzeitig naturverbundenen Garten gesehen hatte.

Die antike Wanduhr in seinem Wohnzimmer tickte auf eine merkwürdige Weise. So, als schiene sie sich wenig vertrauensvoll in die Zukunft zu bewegen. Hundert Jahre – wenn nicht mehr – dürfte sie schon in Gebrauch gewesen sein und hatte wahrscheinlich viel Sterben und Vergehen und doch auch Unsterbliches und Bleibendes erlebt. Sie war schon da, als hier im Weltkrieg die Menschen aufeinander schossen. Sie hatte mitangesehen, wie sich ringsherum die Landschaft mehr und mehr veränderte und mit ihr die Menschen. Wer in der Lage ist, eine alte Uhr zu beobachten, in sie hineinzuhorchen, so empfand ich es unmittelbar, dem begegnen Bilder und Geschichten längst vergangener Tage.

Meine Gedanken schweiften zum Dorf ab. Tuenno zählt zu den ältesten Orten der Gegend. Zu Zeiten des römischen Weltreiches war es schon da. Selbst die Überbleibsel noch früherer rätischer Vorfahren hatte man entdeckt.

Mein Blick fiel wieder auf Fèro, der sich noch immer am Herd zu schaffen machte. Mir fielen sein – trotz des struppigen Bartes – gepflegtes Aussehen und die vollen Haare auf. Keines seiner Kleidungsstücke stach hervor, alles war den grünen und braunen Farben der Natur angepasst. Am Hemd fehlte kein einziger Knopf und Hose wie Jacke waren ordentlich gebügelt. Fèro musste meine neugierigen Blicke bemerkt haben – sie waren wohl auch kaum zu übersehen. Er lächelte mich an.

Von Noris wusste ich, dass es ihn nur ab und zu nach Tuenno zog. Die meiste Zeit des Jahres wohnte er abgeschieden in der Wildnis in einem kleinen Haus am Tovelsee.

„Wie lange lebst du schon in den Wäldern?", fragte ich ihn.

„Viele Jahre", antwortete er wortkarg. „Die freie Zeit meines Lebens."

Er machte sich wieder am Herd zu schaffen. Das war wohl seine Art zu reden, dachte ich mir. Ich nahm einen zweiten Anlauf: „Erzähle mir von deinem Leben", ermunterte ich ihn. „Wie wurdest du der, der du bist?" Mit seinem wilden Bart und den struppig vollen Haaren schaute mich Fèro an. Aus seinen Augen funkelte eine wache, unbeugsame Seele. Wenn er auch bescheiden in seinen Gesten war, fiel mir umso mehr ein sprühender Kampfgeist auf, der in ihm lebte. Aus seiner Seele schien etwas hervor, das das Zeitlose in diesem Menschen spiegelte.

„Nicht der erzählt am besten, der am weitesten und meisten reiste, sondern jener, der es am tiefsten tat", sagte er und blickte dabei in mein Inneres. Diese Geste war der Beginn einer bis heute andauernden Freundschaft.

Die Geschichte des Waldmenschen Fèro

War es ein Zufall, dass sich unsere Wege kreuzten, dass sich unsere Interessen und persönlichen Grenzerfahrungen so ähnelten? Wie kommt es, dass sich zwei Menschen begegnen, die so tief und innig mit der Landschaft der Dolomiten verknüpft sind? Bei unserer ersten Begegnung spürten wir beide, dass uns irgendetwas verband. So als ob wir uns bereits jahrelang kennen würden. Gerade, wenn wenig oder gar nicht gesprochen wurde, war dieses Gefühl umso stärker im Raum. So kam es ganz von selbst, dass wir immer mehr Zeit miteinander verbrachten.

Unsere gemeinsamen Wanderungen und Entdeckungstouren führten uns in bisher nicht gekannte Facetten eines Lebens in der Natur. Ich lernte vieles, was ich allein niemals hätte lernen und erfahren können. Vor allem lernte ich eine Biographie kennen, die außergewöhnlicher nicht hätte sein können: die Geschichte des Waldmenschen und Kräutermannes Fèro. Seine entbehrungsreiche Jugend in einer der rauesten Gegenden Europas, sein Leben als Senner und Hirte, sein Wissen über die Heilwirkungen der kräftigen Alpenpflanzen, seine Erlebnisse als Jäger und Kenner der Gämsen, seine Entdeckungen von bisher unbekannten Fossilien und von „Schamanensteinen" bis hin zu seinem Einsatz und Kampf gegen die moderne Tourismusindustrie, die die unberührte Wildnis der Dolomiten mehr und mehr zerstört.

Es ist der Werdegang eines Menschen, der niemals besondere Schulen besuchte. Dem es nicht vergönnt war, seinen Horizont durch Seminare bei bekannten Lehrmeistern oder durch Studien an Universitäten zu erweitern. Doch vielleicht war es genau das, was ihn so wach und unbeugsam seinen eigenen Weg gehen ließ. Es war weniger Wissen als Weisheit, weniger rationaler Verstand als gefühlte Verbindung mit der Natur und mit den einfachen Menschen, was ihn prägte. Vielleicht sind es gerade die gewöhnlichsten Augen, die einfachsten Gedanken, die schlichtesten Handlungen, die die Fähigkeit des Staunens und Bewunderns in uns erst erwecken können und pflegen.

Fèros Schlichtheit im besten Sinne, sein Empfinden für die Belange der Wildnis, seine feine Beobachtungsgabe sind es, die ihn zu etwas ganz Besonderem machen: einem Menschen, der weiß, was uns die Natur schenkt und wie not es tut, sich für sie einzusetzen. Was mir Fèro während unserer gemeinsamen Wanderungen im Lauf der Jahre erzählte, möchte ich nun weitergeben. Auf dass das Wissen eines der letzten Waldmenschen unserer Zeit nicht verloren gehe – und auf dass wir in Fèro vielleicht ein Beispiel dafür sehen können, was jeder Einzelne bewirken kann, wenn er der Stimme in seinem Inneren folgt.

Vom Bauernkind zum jungen Senner und Hirten

Ein Leben mit den Kräften und Gaben der Natur

Wir saßen an seinem schlicht gezimmerten Holztisch neben dem prasselnden Feuer im Herd. Fèro zeigte mir ein Foto, auf das er stolz war. Seine Eltern Guerino und Carmela Valentini, wie sie auf einem von einem Pferd gezogenen Wagen in die Kirche zur Heirat fahren und von dort zur Hochzeitsreise aufbrechen. In seiner gewöhnlich wortkargen Art erzählte er mir immer nur das, was ihm wichtig war. Oft ging es dabei neben manchen lokalen Persönlichkeiten auch und gerade um Kühe, die Kräuter, den Wald und die Wildnis. Darüber konnte er stundenlang erzählen.

Er nahm mich nach unserer ersten Begegnung in seinem Haus immer öfter mit in die Zeit seiner frühen Jahre. Vielleicht hatte er an so manches Kindheitserlebnis seit Jahren nicht mehr gedacht. Oder es gab niemandem, der sich dafür interessierte und in dem er einen Zuhörer hatte.

Fèro schob das Foto, das seine Eltern zeigte, zur Seite. Sein Blick war nach innen gerichtet. Die alte Wanduhr tickte. Ab und zu knarrten die alten Holzböden im Haus. Ich lehnte mich zurück und wartete, bis er anfing zu erzählen.

Sein Leben begann in großer Abgeschiedenheit von der Zivilisation, mitten in den italienischen Alpen.

„Ich entstamme einer Familie mit acht Kindern. Drei Schwestern und vier Brüder. Ich bin der Erstgeborene. Mein Vater war Viehhändler und einer der besten Kenner des Tales. Aber auch ein Mann, der das Gemeinwesen sehr schätzte, viel Zeit im Dorf verbrachte und die Familie oft vernachlässigte. Es behagte ihm nicht, zu Hause zu bleiben. Aufgrund seiner Ehrlichkeit verlor er oft viel Geld im Handel mit Vieh. Sein Glück lag darin, einen Apfelhain zu kaufen. Die daraus erzielten Erlöse dienten ihm fast zur Gänze, um die Verluste aus dem Viehhandel auszugleichen. Von den Mitmenschen wurde er geachtet. Er folgte seinem Lebensweg bis zum Ende seiner Zeit.

Meine Mutter war eine große Arbeiterin. Sie versorgte den Stall, bereitete für alle das Essen, pflegte meine behinderte Schwester, bis diese mit dreiunddreißig Jahren starb. Auch bestellte sie den Garten, legte Gemüse ein, machte Fruchtaufstriche, trocknete Kräuter und stellte vieles andere mit eigener Hände Kraft her. Bis unsere Diele im Herbst voll von all dem war, was Feld und Hof den Sommer über hergaben. Sie fertigte auch für uns alle unsere Hemden, Pullover und Socken.

Aber ihre größte Arbeit bestand darin, meinem Vater zu dienen. Zwei Jahre, nachdem er verstarb, verlosch auch ihr Lebenslicht. So, wie sie unsere ganze Familie versorgte, hofften wir inständig, dass sie im Paradies für alle Zeiten eine Bleibe fände.“

Fèro war mit seinen Gedanken wieder in der Zeit, als die Menschen in den Alpen noch viel enger mit den Kräften und Rhythmen der Natur verbunden waren als heute. Seine Kindheit fand zum größten Teil draußen statt – und das sollte sich bis zum heutigen Tag nicht ändern.

Er fuhr fort: „Als ich zur Schule ging, war mein Vater fast nie zu Hause. So musste ich in der Früh vor Schulbeginn zusammen mit meiner Mutter die Kühe melken und noch viele andere Arbeiten im Stall erledigen. Nach dem Unterricht begleitete ich meine Mutter auf die Wiesen, um Heu einzubringen oder die Äpfel- und Birnbäume zu pflegen. Im Herbst sammelte ich das Laub, als Einstreu für die Kühe. Danach ging ich nach Hause, um nochmals die Kühe zu melken oder andere Arbeiten im Stall auszuführen. Im Frühling mussten wir Geschwister die Bäume beschneiden, Dung ausbringen und die Wiesen zusammenkehren, ganz ordentlich, wie es auch das Wohnzimmer unseres Bauernhauses war.

Mit meiner Arbeit half ich, die große Familie durchzubringen. Deswegen durfte ich auch nicht länger als fünf Jahre die Schule besuchen."

Fèro nippte an seinem Tee. Es roch nach den Kräutern des Sommers. Ich stellte mir vor, wie sehr ein einfaches Bauernleben mit den Kräften der Natur von Gerüchen und Düften durchwebt ist, die die meisten Menschen heute gar nicht mehr kennen. Wie nahe auch das Leben mit dem Sterben verknüpft ist. Wie sehr die Natur als etwas empfunden wird, von dem der Mensch abhängig ist. Fèro nahm den Faden wieder auf.

„Immer wieder zog es mich zu den Tierheilern. Das sind oft Angehörige von Familien, die sich seit Generationen auf die Heilmittel der Natur verstehen. So lernte ich den Wert und die Heilkraft der Kräuter schätzen, die zumeist direkt vor der Haustür wachsen. Ich lernte immer mehr dazu und setzte sie alsbald selbst ein: im frischen Zustand oder getrocknet, um sie zu einem späteren Zeitpunkt zu verwenden, wenn sie gebraucht wurden.

Eines Tages kam der Tierarzt in unser Haus, um die von meinem Vater in der Schweiz gekauften Kühe auf Tuberkulin und Brucellose zu untersuchen. Auch ein neugeborenes Kalb war mit dabei. Es hatte einen aufgeblähten Bauch und war sehr schwach.

Der Tierarzt untersuchte es und stellte fest: ‚Dieses Kalb wird die nächsten zwei Stunden nicht überleben.'

Ich sagte zu ihm: ‚Dieses Kalb wird nicht sterben!'

Mein Vater gab aber dem Arzt Recht. Er sagte zu mir: ‚Du siehst doch, wie schlecht es dem Kalb geht. Aber gut. Wenn es wirklich überlebt, kannst du es haben.'

Ich nahm etwas Gerste, kochte sie eine Stunde lang ein und am Ende gab ich noch Malvenkraut und Wermut hinzu. Ich ließ alles etwa fünf Minuten abkühlen, filtrierte es, goss es in eine Flasche und flößte es dem armen Tier ein. Ich blieb im Stall und wartete auf die Wirkung. Nach zwei Stunden hob das Kalb leicht seinen Kopf und der aufgeblähte Bauch begann sich zu senken.

Es überlebte. Nach einigen Monaten konnte ich es gut verkaufen – und legte mir mit dem Geld mein erstes Motorrad zu."

Ich musste schmunzeln – hatte ich mich doch dabei erwischt, wie ich innerlich bereits ein Bild vor Augen hatte, das dem Fèro entsprach, der neben mir am Tisch saß. Dem naturverbundenen Menschen aus den Bergen. Dem Kräutersammler. Aber doch nicht dem Motorradfahrer! Seine schlichte, undogmatische Art zeigte mir, dass ich als Zuhörer gut daran tat, einfach zuzuhören. Vielleicht ist das eine der höchsten Künste für uns heutige Menschen.

Mir wurde schnell klar: Auch wenn Fèro die Bergnatur mit der Muttermilch aufgesogen hatte, musste er erst durch viele Erfahrungen zu dem werden, der er heute ist.

Das Wesen der Natur beobachten und verstehen

„Ich war siebzehn Jahre alt, da zog es mich leidenschaftlich zu den Obstbäumen. Es gefiel mir, sie zu beobachten, und ich überlegte mir, wie ich aus ihrem Wesen heraus Möglichkeiten finden könnte, um sie noch schöner, gesünder und fruchttragender zu machen.

Oft stellte ich mich zwischen die einzelnen Bäume und betrachtete lange jene Zweige, auf denen die schönsten Äpfel wuchsen. Eigenartigerweise befanden sich diese Äpfel oft auf den dünnen, zu Boden gedrückten Ästen. Wenn ich die Bäume stutzte, gewöhnte ich es mir deswegen an, die dicken, nach oben wachsenden Äste auszusondern. Die jungen Triebe des Vorjahres hingegen zog ich mit Seilen nach unten, damit sie mehr Keimlinge entwickelten. Im nächsten Jahr standen sie dann voller schönster Früchte. Wie sagt man doch im Volk: ‚Hegt den Obstbaum und nicht das Holz.‘

Bald bestaunten die benachbarten Bauern meine Obstwiesen und selbst Wissenschaftler des *Landwirtschaftlichen Instituts* von San Michele all'Adige besuchten uns. Doch ungeachtet dieses Erfolges zerschnitt mein Vater eines Tages die Seile an den Bäumen – und beschnitt damit auch mein jugendliches Streben nach Verwirklichung eigener Ideen. Er ordnete mir an: ‚Mach es gleich wie alle anderen!‘

Manche nannten mich sogar einen Narren. Doch eigenartigerweise entwickelte sich meine Methode zehn Jahre später zum allgemeinen Standard, der bis heute angewendet wird.“

Fèro lächelte. Heute konnte er die Starrheit seines Vaters oder einiger anderer Bauern einfach stehen lassen. Damals mochte er mit dieser Dickköpfigkeit gerungen haben.

„Im Jahr 1955 führte man eine neue Apfelart aus Amerika ein: den *Golden*. In jener Zeit begannen auch immer mehr Bauern damit, in den Obsthainen Kunstdünger auszustreuen. Zuvor gab es ausschließlich natürlichen Dünger, hauptsächlich Viehdung. Eines Tages kamen sogar Chemiker aus Bozen in unser Dorf und sprachen mit den Bauern. Auch mein Vater war anwesend.

Sie fragten mich: ‚Welchen Dünger verwendest du?'

Ich antwortete: ‚Ich bringe frischen Kuhdung aus.'

Sie stellten unbeirrbar fest: ‚Das reicht auf keinen Fall aus!'

Dann begannen sie, die Quadratmeter zu berechnen und wie viele Obstbäume darauf wuchsen. Sie kalkulierten die Anteile an Stickstoff, Phosphor, Kali und die Kleinelemente, die mein Dünger enthielt. Für mich hat er immer vollkommen ausgereicht. Die jahrhundertealte Erfahrung gab dem auch Recht. Aber nach ihrer Berechnung brauchte es auf unseren Wiesen noch weitere 24 Zentner Kunstdünger mit elf Teilen Stickstoff, 22 Phosphor und 16 Kali!

Mein Vater befahl mir, nur mehr diesen Kunstdünger auszustreuen. Statt der vorgeschriebenen 24 Zentner verwendete ich trotzdem ‚nur' 18. Irgendwann keimten die ersten Knospen und ich musste feststellen, dass etwas nicht stimmte. Anstelle grüner Blätter kamen braungrüne, eine Folge von Überdüngung.

Mein Vater rief nochmals nach den Fachleuten. Die Wissenschaftler kamen und stellten fest, dass es angeblich sogar noch an Kunstdünger mangelte. So forderte mich mein Vater auf, mehr chemischen Dünger auszustreuen als bisher.

Das erste Mal im Leben stellte ich mich ihm trotzig entgegen: ‚Wenn ich diese Erde bearbeite, entscheide ich, was zu tun ist. Sonst arbeite ich nicht mehr weiter!', rief ich erregt. Er musste das erst einmal so hinnehmen.

Da kam ich auf eine Idee. Ich bereitete zwei Mustersäcke mit Blättern. Einen aus einem benachbarten Baumhain mit Kuhdung und einen aus der chemisch gedüngten Baumwiese. Ich sandte alles an das Laboratorium nach San Michele all'Adige. Nach einem Monat lag das Ergebnis vor. Zu beiden Proben stand dasselbe geschrieben: Mangel an Stickstoff …

Daraufhin krempelte ich meine Ärmel hoch und begann, auf meinem Obsthain gesunde Erde auszubringen. Meinen Vater überzeugte ich, mit drei ausgewählten Bäumen das zu tun, was er für richtig hielt. Er verstreute daraufhin einen Sack Kunstdünger – und die drei Bäume starben.

Auch auf meiner Wiese verdorrten 33 der schwächsten Bäume. Und als die Zeit der Ernte herannahte, waren die Äpfel der überlebenden Bäume unförmig: entweder zu klein oder sehr groß, oft mit Pilzbefall als Folge der Überdüngung. Für zwei Jahre bedeutete das für uns einen großen Verlust. Erst ab dem dritten Jahr ging es wieder aufwärts, da sich die Wurzeln der Apfelbäume wieder langsam mit jenem gesunden Erdreich verbanden, das ich ausgebracht hatte. Der Boden begann, wieder zu genesen.

Aus dieser Erfahrung lernte ich, dass ein Kenner der Natur jener ist, der mit den Wiesen und Bäumen lebt, der das ganze Jahr über mit ihnen arbeitet. Die eigentlichen Experten sind sogar in Wahrheit die Bäume und ihre Früchte selbst. Denn sie geben immer klar zu erkennen, was ihnen fehlt.

Es war eine Bestätigung für dieses Erfahrungswissen, als die Wissenschaftler wiederkamen, die uns damals den Kunstdünger aufgedrängt hatten. Sie wollten meine wiedererstarkten Felder begutachten. Immerhin erkannten sie, wie sehr sie sich getäuscht hatten.

Es war eine Torheit der Bauern, sich entgegen alter, bewährter Erfahrungen etwas Fremdes aufdrängen zu lassen.

Ich arbeitete so lange in den Feldern meiner Familie, bis mein jüngerer Bruder Lorenzo mich ersetzen konnte. Ab diesem Zeitpunkt begann für mich ein neues Leben in der Natur. Ich ließ den Alltag des Bauernlebens immer mehr hinter mir und verbrachte so viel Zeit wie möglich in der Wildnis: als Kräutersammler, Naturbeobachter, Jäger, Hirte. Es war mir, als wäre ich zum reichsten Menschen dieses Planeten geworden. Und das ganz ohne Besitz und ohne Geld.

Für was auch? Die Natur gab mir alles umsonst. Die Früchte und Kräuter, die Blumen, das Holz zum Heizen. Also alles Notwendige, um mich zu ernähren und ein gutes Leben zu führen. Es gab sogar eher die Qual der Wahl. Mit meiner Naturverbundenheit musste ich nicht einmal einen eigenen Garten anlegen. In der Wildnis gibt es gesunde Pflanzen und Kräuter in Hülle und Fülle. Wir können sie roh essen oder gekocht. Und essen wir zu viele, gibt es sogar Kräuter, die uns helfen zu verdauen. Auch stehen so viele schmackhafte Pilze bereit.

Waren schon die Pflanzen und Pilze reichhaltig, so galt dies noch mehr für die Fische im nahe gelegenen Tovelsee. Als Jäger ließ ich mir später sogar ab und zu einen Gämsbraten schmecken. Nachspeise waren Fruchtsalate aus Wald-Erdbeeren, Heidel- und Himbeeren. Die Wildnis verwöhnte mich – und ich lernte jeden Tag dazu.

Eines Tages kam ich einem Bären ganz nahe. Ich beobachtete ihn und erkannte, wie er ganz gezielt die besten Kräuter auswählte. Er aß mit Appetit ‚Bärensalat‘ aus frischen Waldkräutern und holte sich zwischendrin auch immer wieder den ein oder anderen Pilz oder leckere Beeren. Ich blieb dran und schlich ihm nach. So erlebte ich mit, wie er sich geschickt aus dem Bach eine Forelle angelte und sie genussvoll fraß. Er streifte weiter durch den dichten Wald. Ich dachte mir, dass er nun fast schon übersättigt sein müsste. Aber im Dickicht holte er sich tatsächlich noch ein Reh.

Die Seele der Wildnis lachte ihm zu, war zufrieden und gewährte Leben fürs Leben. Und die Geister des Waldes riefen: ‚Verteilt keinem Glückwünsche, ein Bär oder eine Forelle mehr oder weniger machen's nicht aus! Es gibt für alle etwas.‘"

Fèro schwelgte, wenn er über die Weisheit der Natur erzählte. Aus seiner Stimme sprachen ein immenser Respekt und auch eine Art Dankbarkeit dafür, so vieles erlebt zu haben. Auch dass das Leben ihn so früh schulte, seine Beobachtungsgabe zu schärfen und immer und immer neu zu vertiefen, beschert ihm bis heute ein tief empfundenes Gefühl der Erdverbundenheit, Zufriedenheit und Demut.

Mit Anna auf der Alm – und dann allein unter Kühen, Bienen und Kräutern

Ich fragte ihn nach seinen ersten Erfahrungen mit Frauen. Er schwieg kurz, dann fasste er zusammen.

„In jener Zeit lernte ich ein Mädchen kennen: Anna. Auch sie wünschte sich das gleiche ungebundene Leben in den Bergen und Wäldern wie ich. Wir lebten auf den Almhütten. Aber das Leben in der Natur ist nicht so leicht, wie es vielleicht scheint. Es gehören auch der Respekt vor der Wildnis und eine enge Verbindung dazu. Wie die Zeit dahinging, erlosch in ihr die anfängliche Freude am Leben draußen. Es war ihr zu schwierig, zu mühselig. Irgendwann ging sie wieder arbeiten. – Elf Jahre lebte Anna mit mir. Dann war unsere gemeinsame Zeit vorbei. Meine Welt war nicht ihre Welt."

Bei dieser Erinnerung wirkte Fèro traurig. Er senkte sein bärtiges Antlitz. Doch ehe ich ihm mein Mitgefühl zeigen konnte, hatte er sich schon wieder gefasst. Er erzählte weiter. Auch wenn er dazwischen immer wieder schwieg, war es für mich so, als erfuhr ich von ihm in den Schweigepausen mehr als von anderen beim Reden.

„Als ich an die dreißig Jahre alt war, lebte ich als Berghirte auf der *Malga Culmei* in der *Brenta*-Gruppe. Ich hatte etwa hundert Kälber und vier Milchkühe zu versorgen. Damals lernte ich, Bergkäse zu machen, und zwar einen weichen, den man bei uns *Taleggio* nennt. Es war eine schöne Zeit. Es bereitete mir viel Freude, Käse selbst herzustellen. Er schmeckte mir ausgezeichnet.

Damals gab es noch keine Elektrozäune, die man heutzutage benutzt, um die Kühe im Zaum zu halten. Meine Tiere waren vollkommen frei. Die Weiden grenzten aber an zwei andere Almen. Dahin durften meine Kälber und Kühe nicht gehen. So musste ich sie also von früh bis spät bewachen. Das hört sich vielleicht leicht an. Aber diese Erfahrung wünsche ich keinem. Es war eine mühselige Arbeit, die von mir ständige Aufmerksamkeit verlangte. Nach dem Almabtrieb löste ich völlig erschöpft die Schuhe von meinen müden Füßen. Doch ich war glücklich.

Im nächsten Jahr beschloss ich, die Alm zu wechseln. Ich wandte mich der *Malga Tuena* im Toveltal zu. Dort ging ich es gemütlicher an. Es gab keine Grenzen, die ich einzuhalten hatte. Ich trieb neunzig Kälber und vier Milchkühe meines Vaters auf die Weidegründe. Das Leben war vollkommen anders. Ich musste jetzt nicht immer bei den Tieren sein. Es war nur nötig, sie vor der Dunkelheit zusammenzutreiben, damit sie nachts bei den Felsen nicht in die Tiefe stürzten. Alles verlief in ruhigen Bahnen. Ich arbeitete als Käser, während mir meine kleinen Helfer – die Bienen – reichlich Honig schenkten.

Ich hatte auch die Zeit, oft auf Kräutersuche zu gehen: Aus Gutem Heinrich, dem Alpen-Milchlattich oder der Brennnessel machte ich mir frischen Tee. Oder ich trocknete sie und legte mir einen Vorrat für den Winter an. Auch Heilpflanzen wie Thymian, Johanniskraut, Frauenmantel, Arnika, Hagebutte, Isländisch Moos und viele andere sammelte ich. Daneben natürlich auch Früchte wie Wilde Erd-, Preisel- und Heidelbeeren, dazu noch Himbeeren, um daraus süße Fruchtaufstriche zu machen.

Außerdem baute ich mir neue Bienenstöcke und kaufte mir fünf Bienenvölker. Als ich sie zur Alm brachte, hatten sie bloß die Waben einer halben Kassette vorbereitet. Mit ihrem Fleiß machten sie sich daran, auch die restlichen zu bauen, und nach wenigen Tagen hatten sie ihr Werk vollendet. Es war für mich eine ganz besondere Freude, einen ‚Tausend-Blumen-Berghonig' zu ernten. Am Ende der Saison hatte ich davon an die zweihundert Kilogramm."

Von der Alm zum Tovelsee

„Es war an einem Herbsttag eines Jahres, an das ich mich nicht mehr genau erinnern kann, als ich beschloss, aus freien Stücken und ohne Not zum Tovelsee zu ziehen, um der einzige Bewohner dieser abgelegenen Gegend zu werden. Ich konnte der normalen Art zu leben keine Freude und keine Freunde mehr abgewinnen. Ein Leben als Kräutersammler, Hirte, Jäger und Waldmensch – das war es, was ich wollte. In der Wildnis ist meine eigentliche Heimat. Ich beschloss, an diesem Ort, am Ufer des abgelegenen Tovelsees, meine restliche Lebenszeit zu verbringen."

Fèro erzählte mir, dass er dafür natürlich einige Formalitäten erledigen musste. *Ferruccio Valentini, geboren 1948, wohnhaft Tovelstraße Nr. 150.* Der Bürgermeister der Gemeinde Tuenno signierte Fèros Ausweis, ohne daraus weitere Schlüsse zu ziehen. Hätte er geahnt, ihm damit zu ermöglichen, von Wald und Wildnis aus die Gesellschaft zu betrachten, er hätte möglicherweise nie seine Unterschrift unter das Dokument gesetzt. So aber konnte sich Fèro am Tovelsee – amtlich bestätigt – häuslich einrichten: in einem Haus, das bereits dort stand und das er mit seinem Ersparten kaufte.

Er verabschiedete sich von da an noch mehr von vielen „Wertvorstellungen" und Wichtigkeiten der Gesellschaft, als er es schon vorher getan hatte. Er übte sich nun darin, „Beobachter der Landschaft und der Zeit" zu werden. Das war sein innerstes Bestreben.

„Wie bist du dazu gekommen, Tuenno hinter dir zu lassen?", fragte ich ihn. „Was war der Grund?"

Fèro starrte in die Ferne und schwieg eine kurze Zeit.

„Ein Außenstehender sieht Zusammenhänge und Eigenheiten einer Gemeinschaft mit unbedarfterem Auge als jener, dem inmitten der Masse der Blick verstellt wird", sagte er.

„Was meinst du?", fragte ich ihn.

„Viele der Dolomiten-Bewohner sind direkte Abkömmlinge von Bauern oder Hirten, die noch nicht allzu lange verstorben sind. Ihre Lebenseinstellung hat sich mittlerweile so verändert, dass ihnen das Leben ihrer Vorfahren lächerlich und kleinkariert vorkommt. Zwar halten sich in jedem noch frühere Charaktereigenschaften von Berg-völkern, aber als Mensch gibt es heute den ‚Altvorderen' so gut wie nicht mehr. Und mit ihm auch nicht mehr die Tugenden früherer Naturverbundenheit."

Bei Fèro war das anders – und so zog es ihn in die Wildnis. Gera-de weil er sich sein Leben lang in den *Brenta*-Dolomiten bewegt hatte, zähle ich ihn zu einem weit oder, besser ausgedrückt, tief gereisten Menschen. Er war auf seinen Wanderungen weiter gekommen, als die meisten anderen. Was bringt ein flüchtiger Aufenthalt in Rom, New York, Tokio oder London, wenn man nicht imstande ist, den Berg oder den Baum vor der eigenen Haustür zu erkennen? Fèro hatte die Bäume in seinem Umfeld erkannt – und umso mehr wollte er immer tiefer in ihr Wesen eindringen. Er war sich seiner Sache sicher.

„Die Frage sollte nie sein: Wie viele Orte sahen wir? Sondern: Wie sahen wir sie? Nicht die entferntesten Reisen bleiben in Erinnerung, sondern die tiefsten!"

Dann fuhr er fort: „Ich wollte noch mehr von der Wildnis lernen, als ich es schon früher tat. Dinge, von denen selbst die Beststudierten kaum mehr Kenntnis erlangen. Meine Werkhalle war der Lebens-raum der Bäume und Sträucher. Als Maschinen und Werkzeuge be-nutzte ich nur meine Hände. Ich sammelte Kräuter und Pflanzen, um mich davon zu ernähren. Schnell arbeiten musste ich nie, dafür aber beständig. So war meine Zeit immer gut gefüllt.

Ich gelangte zu der Überzeugung, dass mein Leben nicht schlechter ausgefüllt war als das der anderen.

Hin und wieder traf ich Neugierige, Abenteurer, die meinten, das Gleiche im Sinn zu haben. Aber niemand schaffte es über eine längere Zeit, seine Ängste vor den großen Einsamkeiten der Wildnis abzulegen oder gar dem dauernden Fingerzeig der ‚zivilisierten‘ Menschen die eigene innere Aufrichtigkeit entgegenzuhalten. So kehrten sie bald als ‚verlorene Söhne‘ wieder in die Geborgenheit der alltäglichen Geschäftigkeit zurück und wurden zumeist wieder – mit dem gebotenen Mitleid – aufgenommen. Ich war trotz meines abgeschiedenen Lebens immer wieder in Tuenno und bekam einiges mit.

Besonders wenn sich die Rückkehrer, ohne weiter aufzufallen und oft auch resigniert, dem Trott der Alltäglichkeit, manchmal sogar dem Dahinvegetieren in charakterlosen Wohnbauten, einfügten, wurde ihre ‚Eskapade‘ eines freien Lebens in der Wildnis verziehen. So hetzten sie wieder tagein, tagaus in ihre stickigen Büros, folgten den Modeströmungen der Masse, ordneten sich bedingungslos unter. Zwar träumten einige weiterhin davon, wie es ihnen gelingen könnte, aus dem Banalen und Sinnlosen auszubrechen. Aber mit jedem Lebensjahr wurden sie mutloser, bis ihnen irgendwann jegliche Willenskraft abhandenkam.

Und selbst der Altersruhestand, für den man annehmen könnte, dass ab nun freie Zeit in Hülle und Fülle zur Verfügung steht, brachte keine Veränderung. Viele wurden menschenscheu, missmutig, psychisch krank. Oft beschränkten sie sich – je älter sie wurden – in Gesprächen darauf, gegen die ‚schlechte und ungerechte Welt‘ zu wettern. Und dies langatmig und ausgiebig. Welch eine Verschwendung des Menschseins!"

Fèro schüttelte den Kopf. Es bereitete ihm fast Schmerzen, über solch traurige Biographien zu reden. „Einige Jahre kochte ich für vorbeikommende Wanderer. Doch ihre Welt war nicht meine Welt.

Ich fragte mich: Sollte nicht jeder, der auszieht in die Natur, seine Nahrung selbst erarbeiten? Nahrung für Geist und Seele wie für den Magen? Verpflegt zu werden macht uns träge."

Im Reich des Bären

Die große Einsamkeit des elf Kilometer von Tuenno entfernten, vollkommen zwischen den Bergen verborgen liegenden Tovelsees zog seit jeher trotz der Abgeschiedenheit vielfältiges Leben an. Archäologen entdeckten am *Dòs del Gianícol* Siedlungen aus prähistorischer Zeit. In der *Intersassa* – einer 120 Meter langen Schlucht – liegen bis heute die Ruinen der Einsiedelei zur *Heiligen Emerenziana (Eremitaggio Santa Emerenziana)*. Es gab immer wieder Versuche, aus dem auf 1178 Höhenmeter liegenden, einen Kilometer langen, etwa 370 Meter breiten und bis zu 39 Meter tiefen See Profit zu schlagen. Ein Riesenhotel sollte entstehen und das Flüsschen *Tresenga*, das aus dem engen Tal herausbricht, sollte für ein Elektrizitätswerk verbaut werden. Doch aus irgendwelchen seltsamen Zufällen gelang dies alles nicht.

Der Widerschein der wie in einem Amphitheater um den See stehenden Lärchen, vermischt mit gelb-orange werdenden Laubbäumen, lässt das Wasser des Tovelsees im Herbst mehr als anderswo fast unnatürlich „brennen". Knorrige, riesige Fichten vergegenwärtigen dem aufmerksamen Besucher, wie klein menschliche Wesen gegenüber solchen stillen Giganten sind. Hunderte verworrener Äste strecken sich wie menschliche Arme aus. Das Wasser scheint die Geschichten aus längst vergangenen Zeiten zu speichern und wird zu einem Spiegelbild für die geöffneten Seelen der Naturverbundenen.

Der kleine Tovelsee wird von den mächtigen Felslandschaften des *Sas Rós, Sasso Alto* und der *Pietra Grande* umrahmt. Fèro war hier

nicht der einzige Bewohner. Seit Menschengedenken gehört das Toveltal vor allem den Braunbären. Es gibt ein *Val de l'Ors*, das *Bärental*,
und die *Busa de l'Órsa*, die *Höhle der Bärin*, sowie oberhalb des Sees
das *Ciasa de l'Ors*, das *Haus des Bären*.

In kollektiver Erinnerung der Einheimischen ist das archaische
Erlebnis des Antonio Slanzi aus Vermiglio, der 1851 in der Nähe des
Tonalepasses auf einen Bären schoss. Dramatisch berichten die alten
Chroniken: „… aber die nur leicht verletzte Bestie springt ihm auf
die Schulter. Er lässt sein Gewehr fallen, und umarmt von titanischen
Kräften ihres massigen Körpers verhindert er noch mit seinem an
ihre Schläfen gepressten Kopf den Gebrauch ihrer Zähne. Gemeinsam rollen sie den Abhang hinunter, wobei es ihm gelingt, aus seiner
Tasche ein Messer zu ziehen, um den Bären damit zu töten." Solche
Heldentaten werden bis heute überall im Volk immer wieder lange
und ausgiebig erzählt. Die Anekdote endet so: „Er verliert ein Auge,
sein linker Arm wird durchbohrt, ihm werden schwere Verwundungen im Gesicht zugefügt und bald danach stirbt er."

Hier handelt es sich um eines der wenigen „Erfolgserlebnisse"
eines Bären gegenüber dem Menschen. Die Annalen vermerken,
dass es Domenico Ramponi aus Carciato im *Val di Sole* zwischen
1820 und 1840 gelang, ganz allein 49 Bären zu erjagen. Das bezieht
jene Tiere gar nicht mit ein, die er gemeinsam mit anderen Jagd-
kollegen erlegte.

Von Luigi Fantoma aus *Strembo*, von allen *König von Genova* genannt – nach dem Genovatal, in dem er sich vornehmlich aufhielt –,
wird stolz berichtet, er habe in 34 Jagdjahren 1430 Auerhähne,
405 Gämsen und 20 Bären zur Strecke gebracht. Darstellungen seiner
Taten kursierten selbst bei höchsten politischen Würdenträgern. Andere Jäger kamen auch an derartige „Leistungen" heran, waren je-
doch weit bescheidener in ihren Berichten oder hörten irgendwann
mit dem Zählen auf.

Geschichten über die Gegend des Tovelsees gibt es einige. Den Kindern wird gern eine Heiligensage erzählt. Jene des Eremiten Romedius aus *Coredo* im Nonstal, der im 5. Jahrhundert lebte und wirkte. Kurz vor seinem Tod wünschte er eine Reise nach Trient zu Bischof Vigilius, einem ebenfalls später heiliggesprochenen Märtyrer, zu unternehmen. Freunde hatten schon des Einsiedlers alten Klepper gesattelt, als sie zu ihrem Entsetzen mitansehen mussten, wie das am Waldrand angekettete Tier von einem Bären zerfleischt wurde. Ohne zu zögern – so berichtet die Legende – soll Romedius demselbigen kurzerhand das Sattelzeug aufgebürdet und auf des Bären Rücken, begleitet von einer Heerschar munter zwitschernder Vögel und viele Wunder wirkend, seine Pilgerreise nach Trient unternommen haben. Dort hätten dann aus Hochachtung des „Sieges der Menschen über die Natur" alle Kirchenglocken geläutet. Die Heldentat hat sich tief in das gemeinsame Gedächtnis aller eingeprägt. An dem ihm gewidmeten Wallfahrtsort *Romedio* hielt man sogar viele Jahrhunderte lang zur Erinnerung an diese Geschichte Bären in einem Verlies.

Fèro lebte an dem Ort, an dem seit langen Zeiten Wildtiere und Menschen in einem engen Verhältnis miteinander verbunden waren – wenngleich dieses eher von Kampf als von Miteinander oder gar Wertschätzung geprägt war. So war absehbar, was kommen sollte. Im Jahr 1888 wurden im Toveltal noch fünf Braunbären erlegt. Zwischen den Weltkriegen war es dann allerorten gelungen, den Bären auszurotten.

Doch irgendwann setzte ein Umdenken ein – es wurde erkannt, wie viel zerstört war, auch an alten Waldflächen. Die Behörden erlaubten es, Bären aus anderen Regionen wieder in den *Brenta*-Dolomiten auszuwildern. So wurde der Braunbär im Toveltal wieder heimisch. Heidelbeeren, Pilze, Kräuter, Honig, Fische und manch schwaches Tier fand er dort reichlich vor.

Auch Fèro sehnte sich danach, von dem zu leben, was ihm die Natur zur Verfügung stellte. Das waren Beeren, Pilze, Kräuter, Honig, Fische und Wild ...

Er erzählte weiter: „Mit viel Liebe zimmerte ich mir einige Bienenstöcke aus bunt bemalten Holzkisten. Wenn ich die Bienen und ihre Arbeit beobachtete, lebte ich mehr und mehr mit ihnen. Ich vergaß das Leben in der Zivilisation und damit das Unwichtige des so genannten großen Weltgeschehens. Dagegen lernte ich, wo die Bienen ihren Nektar holen, um dem Honig den Geschmack von Erika, Alpenrose oder ‚Wald' zu geben. Ich wollte die Geheimnisse des Honigs erkennen, aus den Blüten der Pflanzen das Warum und Wie der Millionen Jahre alten Gemeinschaft zwischen Bienen und Blumen herausfinden. Allein mit dieser Frage können wir unser Leben sinnvoll bereichern.

Als ich mich schließlich daranmachte, meinen Honig zu ernten, bot sich meinen Augen ein Bild der Verwüstung. Ein Bär war mir zuvorgekommen und hatte mir den ganzen Honig weggenommen. Nun, die Natur nimmt, die Natur gibt!"

Fèro sagte das ganz ohne Groll.

„Jeder Stich einer Biene regte mich zu mehr Kraft an. Jeder Sturz und jede Wunde bringt einem Pionier Erfahrung und schweißt ihn mit der Natur zusammen. Wie kleinmütig wirken da die modernen ‚Schmerzen' und Sorgen in den Städten. Ist es nicht so, dass sie bei näherem Hinschauen oft um unwichtige Dinge wie Statussymbole und Eitelkeiten kreisen? Und das vielleicht ein ganzes Leben lang?

Im Lauf der Zeit wurde ich mir über die Gründe meines Ausstiegs immer bewusster. Ich lebte am Tovelsee zwar noch mit der Gesellschaft verbunden, aber doch so weit entfernt, um nicht von ihr beherrscht zu werden. Ich kam mir vor, als bildete ich dort einen aus dem See herausragenden Felsen. Von allen zwar noch irgendwie beobachtbar und doch unabhängig und frei.

Jäger und Freund der Gämsen

Wenn Fèro sich mit mir aufmachte, in die Wälder zu gehen, kleidete er sich vornehm. So als stünde wichtiger Besuch an. In dieser ihm ganz eigenen Art bildeten seine naturfarbenen Kleider, seine klobigen Schuhe und sein stets blumenbesteckter Hut einen deutlichen Kontrast zur modernen Kleidung der anderen. Und – durch seine ehrliche und bescheidene Art und Haltung – auch zu jenen, die die einfache Art, in die Natur zu gehen, nachzuahmen suchten.

Ging Fèro mit anderen Leuten in die Wälder, tat er das vornehmlich, um sie für seine Ansichten über den Wert der Wildnis zu begeistern. Meist aber war er zu geizig, sich Zeit für Gesellschaft zu nehmen – um seiner Freiheit willen. Besonders wenn er den Eindruck hatte, dass nur belanglose Themen aufkommen würden. Er machte die Erfahrung, dass die Pflanzen des Waldes, die Melodien der Vögel, die Fährten der Tiere oder die stummen Geschichten der Steine für die meisten Menschen ermüdend wirken und sie dem keine Beachtung schenken. Sie bereiten ihnen nur geringe oder gar keine Freude, da sie die reichhaltige Vielfalt ihres Wesens oft gar nicht erkennen.

„Nur wenige begeistern sich an Kräutern oder Tieren. Statt Spannung und Interesse kommt Langweile auf."

So war er meist allein unterwegs. Fast jeden Tag ging er in die Wildnis, ohne jegliche Angst, sich zu verirren. Fèro war mit allen Tieren und Pflanzen vertraut. Er verstand, wie man ganz auf sich allein gestellt in der Wildnis überleben kann.

„Die wenigsten Menschen beherrschen die Kunst des Beobachtens, genauso wie es immer weniger echte Wanderer gibt."

Damit meinte er nicht die Horden der nach einem Gipfelerlebnis lechzenden Bergsteiger, die Postkartenmotive abhakenden Besucher oder die hastigen Geher. Fèro nahm wahr, dass es den meisten Menschen selbst bei ihren Wanderungen in der Natur schwerfällt, ihr schnelles, hastiges Leben in den Städten und Dörfern zurückzulassen: der Buchhalter seine Konten und Bilanzen, der Informatiker seine Zahlen und Grafiken, der Rechtsanwalt seine Paragraphen. Auch Krankheiten, Drogen oder Gedanken an Selbstmord wurden mit in die Natur genommen. War es überraschend, dass sich immer wieder welche verliefen? Vielleicht waren sie schon seit Langem von ihrem Weg abgekommen.

Fèro wusste: „Nur wer im Wald den Wald sieht, ist ein echter Wanderer. Die meisten können das nicht mehr. Wer in dunklen Zimmern sitzt, quält sich. Ihm fehlen die Abwechslungen der Natur. Lasst den Menschen ihre Neugierde! Gerade den Kindern. Die Natur hat noch niemanden verjagt, der aufrecht in sie gegangen ist."

Fèros „Armut an Weltmännischem" erleichterte ihm den Zugang in die Wildnis. Es machte ihm nichts aus, allein kilometerweit entfernte Wälder, Seen oder Berge aufzusuchen. Die Wanderungen wurden für ihn immer mehr Lebensinhalt. Sein Zeiterleben begann zu fließen. Ganz selbstverständlich richtete es sich an den Jahresrhythmen aus. Er wusste, wann und an welchen Tagen er die verschiedenen Pflanzen ernten konnte. Er nahm die Eigenheiten der verschiedenen Nadelbäume wahr, lernte die sich im Herbst intensiv verfärbenden Buchen, Birken, Eschen, Ahorne, Espen, Berg-Ebereschen, Linden und Weiden immer mehr kennen.

So wurde er zu einem wahren Kenner der Bäume, Kräuter und auch der Tiere. Er folgte den Gämsen, Rehen, Hasen und Eichkätzchen, dem Auerhahn wie dem Adler, auch den Murmeltieren im *Val Nana*. Es war mehr als nur Dabeisein oder reines Beobachten. Fèro wurde ein Teil ihrer Art zu leben, ein Teil ihres Wesens.

Um vollkommen als Waldmensch zu leben, wollte er auch Tiere erlegen.

„Doch nur so viele, wie ich zum Überleben brauchte. Nicht mehr. Tiere tun es genauso."

1_1 Ferruccio Valentini, genannt Fèro: der Waldmensch vom Tovelsee und aufmerksamer Beobachter der Landschaft.

1_2 Von Kindesbeinen an ist Fèro ein Kenner und Freund der Wildäpfel, wie sie in den *Brenta*-Dolomiten heimisch sind. Die Bäume begleiten ihn bis heute.

Rechte Seite: 1_3 Ein Leben in der Abgeschiedenheit und möglichst naturnah: als Hirte mit eigenem Käse und als Bienenzüchter auf der *Malga Tuena*. Ein Bär weiß, welch süße Leckerei in Fèros Bienenstöcken zu finden ist …

Linke Seite: 1_4 Fèro als junger Mann auf der Jagd mit seinem Setter, den er in Bolentina kaufte. Damals gehörten auch die behänden und grazilen Gämsen zu seiner Jagdbeute – bis er später das Jagen vollkommen aufgab.

1_5 In allen Jahreszeiten auf Wanderschaft durch die heimatlichen Gegenden. Fèro ist ein Teil der Wildnis.

1_6 Der Bär ist bis heute für viele ein Sinnbild für wilde, unberechenbare Natur und löst Urängste aus. Fèro trägt eine alte Jagdtrophäe aus dem Museum und platziert sie auf der Wiese – und beobachtet gleichermaßen wilde Bären in den Wäldern. Kratzspuren sind wie Hieroglyphen der Natur. Fast ähneln sie archaischen Schriften.

1_7 Die *Gola*: ein Refugium des Adlers, der Bären, der Gämsen – und des seltenen und wunderschönen Frauenschuhs.

1_8 Der Waldmensch in seiner Kluft: Die erdigen Farben und der natürliche Stoff lassen den Kenner der Pflanzen, Tiere und Steine mit seiner Umgebung eins werden.

1_9 Noris Cunaccia beim Sammeln von Kiefernzapfen. Aus ihnen stellt sie einen heilsamen Schnaps her.

1_10 Unterwegs mit der Hirtin Cheyenne: Sie zieht ein Leben in der Wildnis der Normalität in den Städten vor.

1_11 Margherita Pallaoro, die Kräuterfrau aus dem Fersental: Sie weiß, dass wir alle eines Tages zu den Pflanzen zurückkehren werden.

1_12 Margherita beim Ernten der reifen Wacholderbeeren – wie sie es ein Leben lang tat. Mit Fèro verbindet sie eine tiefe Freundschaft.

1_13 Fèros altehrwürdiges Haus in Tuenno. In seiner gut bestückten Bibliothek mit ausgewählter Literatur finden sich auch Kräuterbücher aus vergangener Zeit.

1_14 Blick in die einfache und ordentliche Wohnung. Fèro lebt von gesunder, heimischer Kost. Er weiß, woher seine Nahrung kommt. Vieles sammelt er selbst.

1_15 Nebel verdeckt den *Monte Peller.* Am Fuß des Berges erstrecken sich Wiesen mit gelben Trollblumen. Auf den Matten wächst der geheimnisvoll wirkende Blaue Eisenhut. Er ist eine der giftigsten Pflanzen Europas.

1_16 Die *Brenta*-Dolomiten sind eine urtümliche und mächtige Landschaft. – Féro blickt nachdenklich auf den Tovelsee: Er setzte sich erfolgreich dafür ein, dass durch diese ursprüngliche Gegend keine Straße gebaut wurde.

1_17 Der einzige Einwohner am Tovelsee deutet auf die schroffen Berge seiner Heimat: Sinnbild für Freiheit, Würde und Größe.

1_18 Der Eingang in das abgelegene, winterlich karge Toveltal. Auf den blanken, uralten Fels gebaut: die beeindruckende Einsiedelei zur Heiligen Emerenziana.

Er wusste natürlich: Um zu jagen, bedurfte es Prüfungen und Genehmigungen. Genauso zum Fischen. Seine Gedanken kreisten: Gesetzt den Fall, es gäbe in einem abgelegenen Tal einen Menschen, der nie mit anderen in Kontakt gewesen ist. Der weder Gewehr noch andere moderne Errungenschaften kennengelernt hat und sich auf äußerst natürliche Weise ernährt, wie er es schon sein ganzes Leben lang einfach tat. Was würde passieren, wenn er „entdeckt" werden würde?

Die Behörden würden ihn darauf aufmerksam machen, dass in unserer zivilisierten Gesellschaft Bestimmungen zum „Wohle der Menschen" eingeführt wurden. Sie würden ihn darüber aufklären, dass er von nun an nicht mehr als eine bestimmte Menge Pilze oder Pflanzen sammeln dürfe. Dass er Fische und Tiere des Waldes erst nach vielerlei Prüfungen und das nur zu besonderen Zeiten und nach einer von einer Behörde festgelegten Anzahl jagen könne. Außerdem müsse er seine Art und Weise zu leben genehmigen lassen.

Was wäre die Folge? Dieser Mensch würde innerhalb kurzer Zeit Hungers sterben oder in der Kälte zu Tode kommen.

Doch es blieb Fèro keine Wahl: „Ich machte mich daran, mir die nötigen Papiere zu besorgen, und ersuchte, zur Jagdprüfung zugelassen zu werden. Nur auf diese Weise konnte ich im Sinne der Gesellschaft zum Jäger werden. Auch einen Jagdhund brauchte ich.

Ein Freund von mir sagte, dass in einem nahe gelegenen Ort jemand einen Setter von Rasse habe. Am nächsten Tag brach ich nach *Bolentina*, dem besagten Dorf, auf. Ich läutete an der Haustür und brachte mein Anliegen vor. Der Mann führte mich in den Hof und da sah ich einen Hund von einer außerordentlichen Schönheit. Ich dachte mir, das ist sicherlich nicht jener Hund, den er zu verkaufen gedenkt.

Er aber sagte: ‚Das ist er!'

Ich glaubte erst, dass er mich verspottet. Doch dann fragte ich ihn: ‚Wie viel willst du?'

Er nannte eine bestimmte Summe. Ich gab ihm wesentlich mehr. So war es für mich richtig. Die nächsten Tage lernte ich den Rassehund an. Er war sehr ungestüm, und deshalb brachte ich ihm Überlegtheit und Ruhe bei. Nach einigen Monaten war er darin so ausgezeichnet, wie er schön war.

Mit meinem Freund Celestino fuhr ich dann ins österreichische Ferlach zum Büchsenmacher Anton Sodia. Ich sagte ihm, dass ich mir als Gravur an der Seitenplatte einen Auerhahn vorstelle. Und auf den Seiten eine Gämse und ein Reh. Sodia versprach, die Gravuren am Gewehr mit höchster Kunstfertigkeit auszuführen.

Im Herbst begann ich, mit meinem Hund das Gebiet rund um den Tovelsee der Länge und Breite nach zu durchstreifen. Ich lernte dabei noch inniger die Gewohnheiten des Auerhahns kennen, ebenso die Eigenheiten der Rehe und Gämsen. In dieser Zeit beschloss ich, mich voll und ganz der außerordentlichen und tiefgründigen Welt der freien Natur zuzuwenden, einem Adler gleich. Mit all meinen Instinkten. Dabei jedes Leben achtend – jenseits naturfremder bürokratischer Regeln.

Öfter als je zuvor beobachtete ich die Gämsen, wie sie mit Sorglosigkeit und in grenzenloser Freiheit über die steilen Felshänge sprangen. Von Zeit zu Zeit traten sie Felsplatten los, so als wollten sie ihre angestammten Rechte lautstark verdeutlichen. Ich sah zu und freute mich über ihre Selbstsicherheit. Manch Reh oder Gämse zeigte selbst im Tod noch Charakter und Freiheitswillen. Den eigentlichen Bewohnern der Natur muss man zugestehen, dass sie ihre Heimat nie verraten.

Am *Tovo Giagol* fiel mir ein Gamsbock auf, wie ich ihn nie zuvor gesehen hatte. Diese Gämse trieb mich zur Besessenheit. Mehr als fünfzig Mal folgte ich ihren Spuren. Sonderbarerweise bewegte sie sich nur nachts fort."

Fèro hielt inne, so bewegte ihn diese Erfahrung. Seine kargen Worte wurden dadurch umso reichhaltiger. Dann fuhr er fort.

„Eines Tages folgte ich einem Weg in Richtung *Tovo Giagol* und erreichte bald die Felsen. Von dort aus konnte ich in den oberhalb liegenden *Dos del Lagiet* einsehen. Ich setzte mich und suchte langsam die abschüssigen Felsen ab. Plötzlich tauchte am Horizont ein Gamsbock auf. Mit dem Fernrohr erkannte ich sie: Das Tier war er, der ‚König der Gämsen' des Toveltales. Ich betrachtete ihn. Die Aufregung überwältigte mich. Er war so groß und trug ein eng anliegendes mächtiges Horn. Das Alter hatte ihn hager werden lassen. Doch für einen sicheren Schuss war er zu weit entfernt.

Trotzdem beschloss ich, zu schießen. Ich schätzte die Entfernung. Um ihn zu treffen, musste ich 70 Zentimeter über ihn zielen. Der Horizont gab keinen Anhaltspunkt. Unvermittelt machte er zwei, drei Schritte. Ich maß wieder ein. Über ihm, in Richtung Spitze des *Gran del Formenton*, hob sich das Gipfelkreuz ab. Der Gämsenkönig setzte sich stolz in den Vordergrund, so als wüsste er, was kommt. Er verharrte, war ganz Ruhe. Ich zielte auf das Kreuz, löste den Abzug und ... bum. Er fiel frei über den Felsen.

Gleichzeitig schauderte mich bei dem Gedanken, den König dieser Gegend vor dem Kreuz, vor etwas Heiligem erlegt zu haben. Dieses Bild prägte sich tief ein. Es ließ mich nie mehr los.

Dann brach ich auf, um ihn zu holen. Er war eine schmale, von Blumen bewachsene Rinne hinuntergestürzt. Wo er aufgeschlagen war, erkannte ich geknickte Kräuter. Unten am Ende lag er. Seine Hufe waren so groß wie die eines Hirsches. Jetzt fiel mir noch deutlicher auf, wie alt und dürr er war. Er hatte jahrein, jahraus dem harschen Wetter getrotzt und den Überlebenskampf immer gewonnen. Er war wahrhaft der König der Gämsen im Toveltal.

Der Tod dieses Tieres traf mich tief. Erkannte ich doch mit einem Schlag, dass nicht wir Menschen die Herrscher *über die* Natur sind, die entscheiden können, welcher Tiere es in der Wildnis bedarf. Es ist nicht an uns, darüber zu richten, wie viele kranke oder alte Gämsen oder Rehe es geben darf. – Von diesem Tag an hängte ich das Gewehr an einen Mauerhaken und benutzte es nie mehr wieder." Fèro war in sich gekehrt. Das Erlebnis ging ihm spürbar nach. Nach einer Pause erzählte er weiter.

„Eines Tages, einige Wochen später, saß ich wie so oft an einem sonnenbeschienenen Hang im Toveltal. Plötzlich sah ich zwei Gämsen daherkommen. Ich erkannte sie sofort. Es waren die Enkel jenes Großen, den ich erlegt hatte. Ich sah, wie sie mehrmals mit den Klauen in den Boden schlugen, so als wollten sie sagen: ‚Du hast unseren Großvater auf dem Gewissen. Hat niemand mehr Respekt vor uns?' Dann eilten sie davon.

Ich bekam immer mehr Selbstzweifel über meine Jägerei. All die von mir erlegten Tiere stimmten mich nachdenklich.

Irgendwann traf ich bei meinen Ausflügen auf ein altes Gämsenweibchen mit langen Hörnern. Es lag tot, dabei mit offenen Augen im Gras, so als hätte sie auf mich gewartet, um mir etwas zuzuflüstern. Der weiße Fleck unter der Kehle war mit dem Alter bräunlich geworden. Sie musste wohl um die fünfzehn Jahre alt sein. Ich versuchte herauszubekommen, was sie mir sagen wollte. So setzte ich mich neben die alte Gämse und betrachtete sie. Erinnerungen und Traumwelten kamen auf und vermischten sich.

Mein Blick streifte über das Tier hinweg in die Umgebung. Sie lag neben einigen Gute-Heinrich-Pflänzchen, einen Meter weiter entfernt spross der Alpen-Milchlattich, ein wenig darunter wuchsen Brennnesseln und Isländisch Moos. Ich gewahrte auch einige junge Berg-Kiefern und den Gelben Enzian und noch viele weitere Kräuter. Dann verstand ich, was sie mir sagen wollte. ‚Schau um dich, wie viele Kräuter es gibt! Du kannst davon leben.' Tränen kullerten aus meinen Augen."

Im Frauenschuh-Wald

Wieder einmal wanderten wir schweigend durchs Toveltal. Ich war in Gedanken versunken. Die meisten Menschen glauben, um in die Natur zu kommen, bedürfe es Straßen. Fèro hat sein Leben lang wenige benutzt – und war doch weiter gekommen als viele andere. Jeder freie Wanderer dringt Schritt für Schritt tiefer in die Natur ein und damit auch in sein eigenes Inneres.

Wer diese Erfahrung kennt, fühlt fast so etwas wie Mitleid, gerade mit den heranwachsenden jungen Menschen, wenn ihnen der freie Gang in die Natur verunmöglicht wird. So lässt sich auch die moderne Flucht zu künstlichen Vergnügungen verstehen. Stundenlang sitzen Millionen und Abermillionen vor den Bildschirmen und verbringen auf diese Weise ihre Zeit. Bis sie überzeugt sind, die virtuelle Welt wäre die wirkliche anstelle der Natur, die uns seit Urzeiten trägt und nährt.

Am Ende des Tovelsees in Richtung *Cima Flavona* öffnet sich dem unbedarften Auge ein magisches Schauspiel. Unvermittelt steil abfallende Felsen inmitten von sanften Waldhainen, Schluchten mit wild tobenden Gebirgsbächen und immer wieder kleine Seen geben dieser Landschaft ein fast unnatürliches Erscheinungsbild: Es ist die *Gola*. In dieser Gegend suchten wir die eigentlichen Bewohner: Pflanzen.

Zuerst zeigte mir Fèro einige Exemplare des Moosglöckchens. Das unscheinbare, kriechende Blümchen ist ein Relikt einstiger Eiszeiten und wird in seinem Lebensraum immer weiter zurückgedrängt. Durch Nebelschwaden und schwer beschreibbare, flüsternde Geräusche des nahen Waldes hindurch gelangten wir an eine Stelle, die vollkommen mit dem geheimnisvollen Gelben Frauenschuh bewachsen war. Sein prachtvoller Wildwuchs erfreute uns vollkommen. Nie im Leben sah ich dermaßen viele an einer einzigen Stelle.

Wie in einem Dschungel schlüpften wir zwischen flechtenüberhangenen Fichten und moosbedeckten Felsen hindurch. Immer dichter zeigten sich die Frauenschuhe, manchmal begleitet von den wunderschönen, so auffällig geformten Türkenbund-Lilien. Sie standen im Gipfel ihrer Schönheit. Wie schnell können wir doch in andere Welten gelangen, wenn wir uns im Geist eines furchtlosen Abenteurers bewegen, der sämtliche menschliche Eitelkeiten hinter sich gelassen hat. Wir setzten uns und betrachteten ausgiebig zwei Exemplare: einen Frauenschuh und einen Türkenbund. Eine Orchidee und eine Lilie. Es war eine eigene Entdeckungsreise, zu erkennen, wie verschieden sich die Blüten entwickelt hatten, obwohl beide Pflanzen gemeinsame Vorfahren haben. Die Trennung in verschiedene Entwicklungswege musste vor Jahrmillionen geschehen sein.

„Wer in den Wald geht, muss mit seinem Geist in den Wald gehen", sagte Fèro.

Die Glückserlebnisse während unserer Wanderungen lagen in unvorhersehbaren Blickwinkeln auf ursprüngliche Wälder und vielfältige Bergwiesen. Und im Gefühl, uns der Natur vollkommen überlassen zu können. Ganz anders als die Expeditionen vieler Wanderer. Sind es nicht meist ängstliche Ausflüge, voller Gedanken und oft genug den Sorgen des Alltags und mit dem Ziel, am gleichen Tag wieder heimzukehren? Die Hälfte solcher Wanderung besteht darin, auf gleichem Weg dorthin zu gelangen, wo man aufgebrochen war. Dabei gibt es neben dem Weg so viel neue Wege – der Erfahrung wie der subtilen Wahrnehmung.

Jede Orchidee betrachtet uns mit einem anderen Blütenkelch. Jede Türkenbund-Lilie zeigt ein anderes Muster. Jede Feuer-Lilie trägt verschiedene Blütenhüllblätter, Griffel oder Staubgefäße. Was viele nie zu sehen gelernt haben, sind die Merkmale und feinen Besonderheiten der Natur. Zu banal erscheinen sie.

Fèro sinnierte: „Der Mensch von heute hat das Wandern verlernt. Oder gar nie erlernt. Er greift auf technische Geräte zurück. Das Fahrrad, die Skier, das Boot. Selbst wenn er sich als einen ‚naturnahen' Menschen bezeichnet. Natürlich ist er auch mit dem Auto oder dem Flugzeug unterwegs. Wenn er wüsste, was ihm entgeht, wenn er über all das ein Wandern ohne Hilfsmittel stellen würde. Wenn er sich wieder angewöhnen würde, die Angst vor der Wildnis abzuschütteln. Indem er sie und ihre sich darin entwickelnden Lebewesen beobachten lernt."

„Was würdest du den Wanderern raten?", fragte ich ihn. „Was sollten sie beachten?"

Fèros Antwort war deutlich und überzeugt: „Befreit euch. Sucht möglichst andere Wege der Rückkehr als jene, auf denen ihr schon am Hinweg wart. Beginnt eure Wanderungen nicht am Parkplatz. Lasst euch nicht vom Wetterbericht lenken. Nehmt keine Telefone und Kopfhörer mit, keine Ortungsgeräte und keine Karten der Wegnetze.

Das Wetter kann immer wechseln, auf Wolken kann Sonnenschein folgen, dann wieder Regen. Der See kann gefroren oder die Temperaturen können eisig sein, um dann wieder zu brennender Hitze zu wechseln. Versucht am besten, auf Wegen zurückzukommen, wo ihr niemals wart. An jene Wanderungen werdet ihr euch ein Leben lang erinnern. Man braucht nicht in ferne Welten zu schweifen, um Neuland zu entdecken. Meist genügen einige Schritte abseits der ausgetretenen Pfade."

Still, ganz still saßen wir im Frauenschuh-Wald. Wir gingen auf in der Landschaft, in der Stimmung des Ortes. Der Ausflug dahin war eine kleine Episode in meinem Leben gewesen. Doch sie prägte sich unauslöschlich und voller Lebendigkeit in mein Gedächtnis ein.

Vom Kräutersammler zum Kräuterweisen

Aufgrund seiner Leidenschaft für die Welt der Pflanzen hatte sich Fèro vor Jahren entschieden, Kräutersammler zu werden: eine Tätigkeit, die heute selten ist, obwohl immer mehr Menschen wieder davon überzeugt sind, das Echte der Natur müsste dem Menschen am meisten bekömmlich sein. Fèro wurde im Lauf der Zeit für seine weisheitsvolle Verbindung zu den Pflanzen weit über die Region hinaus bekannt.

Auch Wissenschaftler wurden auf den Mann vom Tovelsee aufmerksam. Sie versuchten herauszufinden, was und wie viel er an Pflanzen in einem Jahr erntete. Es machte ihm nichts aus, als Studienobjekt zu dienen. Bereitwillig zeigte er, wie er vom Gewöhnlichen Leimkraut die jungen Triebe als Gemüse zubereitet, vom Löwenzahn dagegen die jungen, leicht bitter schmeckenden Blätter als Salat. Die jungen Triebe und Sprossspitzen des Hopfens sind sein Wildspargel, die jungen Blätter der Klette ein feines Wildgemüse. Dazu kommen noch Alpen-Milchlattich, Lauch, Guter Heinrich, Wiesen-Schaumkraut, Meerrettich …

Ich musste Fèro bitten, innezuhalten. Noch lange hätte er in seiner Auflistung jener Pflanzen fortsetzen können, welche ihm verzehrenswert erschienen. Er erzählte mir, dass nach dem Besuch der Fachleute sogar wissenschaftliche Studien über die Region veröffentlicht wurden, was ihn sehr erfreute. Fèros Einfachheit machte ihn für die Wissenschaftler zu einem „nomadischen Waldmenschen".

„Alles Wissen lernt man aus Büchern", meinten sie.

„Alles Wissen lernt man aus der Natur", wusste Fèro.

Wie geht der Wissenschaftler mit den Pflanzen um? Er vereinnahmt die Blumen, indem er ihnen Vor- und Zunamen gibt: Das Johanniskraut ist *Hypericum perforatum*, die Gewöhnliche Schafgarbe heißt *Achillea millefolium*, der Salbei *Salvia officinalis*. Das ist weiter nicht bedenklich – doch es kommt in seinem Selbstverständnis oft nur wenig dazu, was über den wissenschaftlichen Namen hinausgeht. Für den Naturbeobachter dagegen haben Kräuter Wirkstoffe in sich, doch sind sie keine im „Naturlabor" konzentrierte Pillen. Ihre unübertrefflichen Wirkungen liegen vielmehr in ihrer Bedeutung für das Auge, den Gaumen, die seelischen Empfindungen. Auch im Geheimnis, eine ganzheitlich heilende Substanz für den Menschen zu sein.

„Dringt in die Pflanze mit allen Sinnen ein! Nur so gelangt ihr zu ihren Kräften", sagte er zu den Wissenschaftlern wie zu anderen Interessierten. „Schon indem ihr euch mit ihnen beschäftigt, die Bitterkeit des Wermuts feststellt oder die Frische der Berg-Minze, tut ihr den ersten und wichtigsten Schritt zum Kennenlernen der verborgenen Botschaften einer Pflanze."

Manche fragten Fèro als versierten Natur- und Kräuterkenner, welche Pflanze am besten gegen Bauchweh wirke oder gegen Husten oder Akne. „Viele Pflanzen helfen", gab er ihnen zur Antwort. „Lernt zuerst bewusst ihre Eigenheiten kennen. Seid euch klar darüber: Die Gesellschaft macht krank. Wandert durch Farnwälder und über Blumenwiesen. Atmet ihren Duft ein – und Krankheiten und dunkle Gedanken vergehen."

Gerade Frauen suchten Fèros Nähe als Heiler und Kräuterweisen. Sie sind es, die seit jeher mehr als die Männer die Verbindung zur Heilkraft der Pflanzen in sich tragen. Fèro munterte sie auf: „In der Stadt wisst ihr, in welchen Geschäften ihr einkaufen könnt. In der Natur ist es genauso. Ihr könnt das wieder lernen."

Alles ist bereits da – das war sein Credo. Die Pflanzen wahrzunehmen und ihre Heilkräfte zu erspüren, das ist die Kunst. „Lassen wir die Ginsengwurzel den Chinesen. Für diese ist sie da. Ihre besten Wirkungen kommen bei uns nicht an. Halten wir uns mehr an unsere einheimischen Wurzeln."

Gelber Enzian, Meisterwurz und Wermut werden heute oft gemieden, weil sie bitter schmecken. Fèro wusste aber eines ganz genau: „Wie giftig ist der größte Teil unserer Nahrung, gerade weil wir das Bittere meiden. Die Menschen haben sich an süßen Geschmack so gewöhnt, dass ihnen das Bittere und Natürliche nicht mehr munden. Sie denken, die Pflanzen unserer Almen sind schäbig, die Früchte der Wälder minder gegenüber den hochgezüchteten der Gewächshäuser."

Für Fèro waren die wilden Alpenpflanzen bedeutsam, trugen sie doch die unverfälschte Geschichte der Dolomitenlandschaft in sich. Allein dadurch, dass sie von niemandem gepflanzt wurden und ohne irgendein Zutun heranwuchsen, zeichneten sie sich aus. „Jeder Landschaft seine Menschen und Früchte", war sein Grundsatz. „Wir berauben unsere Heimat der letzten Ursprünglichkeit. Wir verjagen die einheimischen Pflanzen, um Platz zu machen für holländische Zuchterdbeeren, neuseeländische Kiwis und amerikanische Riesenheidelbeeren. Wie weit wollen wir noch gehen?"

Fèro hatte sein Leben lang nie viel geschrieben. Er meinte, es niemals vonnöten zu haben. Immer öfter dachte er aber jetzt daran, das tun zu müssen, um seine Kenntnisse weiterzuvermitteln. Für mich war ohnehin eines offenbar: Seine unverfälschten Gesten und Worte bringen jenen Hauch von Wildnis und Unberührtheit mit sich, der den meisten Schreibenden abgeht.

Der Wert der wilden Bäume

Im Herbst bricht für Fèro die Zeit der wilden Bergäpfel an. Der wilde Apfel wird von den Großbauern wegen seiner kleinen, häufig schrumpeligen Früchte gering geschätzt. Für Fèro dagegen war die Wildapfelernte immer eine große Freude, eine sinnvolle Arbeit. Er nahm dankbar gerade jene Besonderheiten wahr, die er bei den anderen Äpfeln vermisste. Jeder Fleck auf den Wildäpfeln sah für ihn aus wie eine Auszeichnung, war ein Merkmal für das Individuelle einer jeden Frucht. Wer sich die Zeit nimmt, das Äußere von Äpfeln näher zu betrachten, erkennt bald Unterschiede.

Antonio Cantele hatte sich die Mühe gemacht, die verschiedenen Wildapfelsorten der Region zu katalogisieren. Er kam auf über achtzig verschiedene Sorten, jede mit ganz eigenem Aussehen, Eigenschaften und Geschmack. In seinem Buch *Le Mele Antiche dei Nostri Nonni (Die alten Äpfel unserer Großväter)* bat er die Leser: „Lassen wir sie weiterleben, sie sind doch ein Teil von uns. Tun wir alles, dass sie weiter in uns pulsieren können." Die wilden Bäume wurden nie von Menschenhand in Reih und Glied gepflanzt. Sie kämpften sich von selbst zwischen Lederbirnen, Holunder, Eichen und manch einem Wacholderbusch aus der Erde hervor.

Wo die einen am besten ohne menschliche Obhut gedeihen, können die anderen, die weithin sichtbaren, wie Soldaten stehenden und nur mehr mannsgroßen Zuchtapfelbäume im Nonstal oder im Etschland ohne menschliches Zutun nicht überleben. Den Wilden behagt ihre Unabhängigkeit und Freiheit, jede einzelne Frucht hat ihren eigenen Charakter. Von den Zuchtäpfeln in den Plantagen kann man das kaum mehr behaupten. Sie müssen unter Einsatz von Giftstoffen vor anderen Pflanzen geschützt werden. Für viele Einheimische sind die Bergäpfel seit Jahrzehnten uninteressant. „Veredeltes Obst" tragende Bäume bringen das Geld und sind also „gut".

Ich wusste mittlerweile, welche Gedanken sich Fèro macht, welche Fragen ihn bewegen: Welchen Sinn ergibt es, die gesamte Natur zu kultivieren? Warum lassen wir ihr nicht ihre Ursprünglichkeit? Warum wollen wir von ihrer Originalität nicht mehr lernen? Heute muss etwas Gewinn bringen, um als geeignet eingeschätzt zu werden. Was ist die Folge? Unsere Gebäude sind überdimensioniert, wir brauchen unnötig viel Kleidung, wir essen maßlos, wir verbrennen das Öl, das Jahrmillionen in der Erde lag. Fèros Gegenfrage, „Welchen Gewinn bringt der Mensch der Natur?", wich man behände aus.

Noch gewährt man einigen dieser letzten freien Bäume die Genugtuung, beachtet zu werden – neben den Vögeln und Fèro gibt es einige andere, die bevorzugt von jenen letzten Bäumen ernten, die nur durch Zufall bisher überlebten. Da Fèro zum Leben nicht viele Wildapfelbäume benötigte und jeder mehr als genug abwarf, freute er sich, zwischen den einzelnen wilden Sorten wählen zu können. Er schaute dabei jeden einzelnen dieser sauer-bitteren Holzäpfel mit ihrem hohen Gehalt an Gerbstoffen bewusst an. Manchmal hielt er sich mehr an die saftig-süße *Rosa*, dann pflückte er eher kleine goldgelbe *Limoncino*-Äpfelchen, die sich gut über den Winter bis ins Frühjahr halten. Er erntete oft auch die *Renetta grigia*, die *Graue Renette*, die sogar bis auf 1400 Höhenmeter wächst. Dazu kommt die im Aussterben begriffene *Belfiore di Ronzone*, benannt nach einem nahe gelegenen Dorf. Sind nicht jene Pflanzen die herausragendsten, die ihren Namen von der Gegend erhielten, in der man sie erstmals entdeckte?

Wie ein glückliches Eichhörnchen trug Fèro die aufgelesenen Äpfel nach Hause, um daraus Saft zu pressen. Für seinen Geschmack mundet er bei Weitem besser als jener aus überzüchteten Äpfeln. Und: Die ledrigen Äpfel überdauern, sind auch nach dem Winter im nächsten Jahr noch genießbar, und das auf natürliche Art und Weise. Noch mehr aber freute ihn, die unbeachteten Wildäpfel anderen Menschen anzubieten und ihnen davon zu erzählen. Seine Geschichten erweckten sie zu neuem Leben. Er kam sich dann vor, als suchte er für die zum Aussterben verurteilten Sorten neue Freunde. Schon sein Hinweis, dass die schrumpeligen kleinen Früchte essbar sind, weckte bei vielen Zuhörern Erstaunen. So vermehrte sein Einsatz die Anzahl der Freunde der Wildäpfel.

Irgendwie tat es Fèro leid, dass diese Äpfel, die uns seit der Steinzeit zur Verfügung stehen, sich nun in keinem freundschaftlichen Verhältnis mehr zu uns befinden. Wie letzte Mohikaner stehen vereinzelte Bergapfelbäume in der Landschaft. Einige davon sollen weit mehr als zweihundert Jahre alt sein und haben den Untergang des alten Habsburgerreiches erlebt. Zwar starren sie strotzend vor Kraft, aber ihre Tage sind gezählt. In nicht allzu langer Zeit werden sie wohl Opfer der Kettensägen sein.

Wie die Wildäpfel gehört auch die Kornelkirsche zu den für Gewinnzwecke nicht mehr benötigten Arten in den Dolomiten. Die mit den Kirschen nicht näher verwandte Art bringt zwar süße und wohlschmeckende Früchte hervor, ihre Kerne sind aber für eine wirtschaftliche Verwertung zu groß. Deswegen wird sie gering geschätzt.

„Ich fürchte, dass unsere Kinder nicht mehr von der Kornelkirsche wissen werden, weil sie dann ausgestorben ist", bemerkte Fèro. Und er fügte hinzu: „Nicht jene sollten das Land nutzen dürfen, die es erben, sondern jene, die am meisten Freude daran haben."

Mir stellten sich neue Fragen: Warum lieben die Menschen von heute Bäume, die „sich ducken"? Warum geben sie ihnen den Vorzug? Sind solche Bäume am Ende dem Geist der meisten Zeitgenossen ähnlich? Nehmen manche Menschen mächtige Bäume mit weit ausholenden Ästen als gefährlich wahr – gefährlich, wie aufrechte Menschen, die eigenen Prinzipien folgen? „Gefährlich", wie Fèro und einige andere, die die Kornelkirschen vom Baum holen, um ihren wilden Geschmack anderen zugänglich zu machen? Eines war sicher: Die von der Gesellschaft „ausgestoßenen" ungezähmten Kornelkirschen erweckten in Fèro Hochachtung.

Wie leicht könnten wir uns von dem ernähren, was uns die Täler und Hänge bieten. Wir könnten Marmelade kochen, Fruchtsäfte pressen oder vielerlei Früchte in ihrem eigenen Saft einlegen. Früher war das Wissen über die Kräfte der Natur groß: Es gab Bauern, die

aus den wilden Früchten die erlesensten Edelwässer brannten. Die
außerordentliche Härte des Kornelbaumes machte sein Holz für die
Bildhauer interessant. Seine Blätter mit den Gerbstoffen dienten zum
Färben von Stoffen und Leder. Über Jahrhunderte war die Borke –
wie später die Chinarinde – als Heilmittel zum Fiebersenken begehrt.
Heute scheint ein Großteil dieses Wissens verloren gegangen zu
sein. Doch gibt es noch immer einige Bewahrer, die für die Bäume
und Kräuter eintreten – mit ihnen verbunden sind. Wenn die Zeit
der Kornelkirsche kommt, ziehen diese letzten Wissenden aus, um
sie zu pflücken. Es geht ihnen nicht um einen messbaren Ertrag. Zu
kleinwüchsig sind die Früchte, zu weit verstreut stehen die Bäume
auseinander. Die Suche nach ihnen ist mühsam. Doch mundet nicht
jede Beere, jede Frucht von Baum oder Strauch direkt in den Mund
geführt immer noch am besten? Das „gezähmte" Obst der Super-
märkte schmeckt dagegen fad.

Fèro wusste, warum das so ist: „Die Früchte verlieren auf dem
Transport ihre Heimat. Die Geschichten der Heimat kommen ihnen
abhanden. Und uns fehlt das Abenteuer des Suchens und Findens."
Sein Blick streifte liebevoll über einen alten Kornelbaum. „Die Menschen der Zivilisation und Überflussgesellschaft bringen den Urbe-
wohnern der Wildnis kein Verständnis mehr entgegen: den wilden
Äpfeln, der Kornelkirsche, den Kreuzottern und Salamandern – oder
den einfachen Bauern. Vom Wilden sollten wir lernen. Es enthält
unendlich viel Ursprünglichkeit und Wissen."

Die Tradition, den Milchlattich zu graben

Eine andere Wanderung führte uns zum *Monte Peller*. Am lang ge-
streckten Hauptkamm der *Brenta*-Gruppe, in die die ausgedehnte
Hochfläche des *Val Nana* eingebettet ist, stellt der *Monte Peller* bloß

einen bescheidenen Hügel dar, nicht zu vergleichen mit den grandiosen Felsbauten der *Cima Brenta* oder der *Cima Tosa*. Bekannt wurde die ganze Gegend wegen ihres außerordentlichen botanischen Reichtums, sodass sich schon seit Jahrhunderten Gelehrte wie auch die Kräuterfrauen diese Landschaft als Ziel erkoren.

Von einigen Punkten aus wird der freie Blick hoch oben im *Val Nana* von der majestätischen Lage des kleinen Tovelsees tief unten, inmitten einer grandiosen Wald- und Berglandschaft, vollkommen in den Bann gezogen. Fèro erklärte mir die Gegenden. Die Altvorderen hatten für viele der kleinen Geländeunebenheiten Namen gefunden, die uns heute seltsam vorkommen – und doch eine magische Sprache sprechen. Es gibt eine *Sosta Lucanica*, wo man bevorzugt Rast macht, um die einheimischen geräucherten Würste zu verzehren. Oder einen *Croz del Re* und eine *Malga Corona*, die an einstige Königreiche erinnern. Wie in einem Reich der Zwerge und Feen schien das Haus von Fèro, dem einzigen Einwohner am Tovelsee, zu liegen. Fast ging es zwischen den hohen Bäumen und mächtigen, überall herumliegenden Felsblöcken unter.

Zu Frühlingsbeginn schiebt sich der Bärlauch aus dem Boden. Die Menschen der Alpen glauben, dass es keine andere Pflanze gibt, die ihm aufgrund seiner reinigenden Eigenschaften für Magen, Dickdarm und Blut gleichkommt. Sie kochen Suppen damit und schneiden ihn in den Salat.

Unterhalb des Rasthauses am *Monte Peller*, in den von Erlen bewachsenen Hängen, machten wir Halt. Fèro grub seine Finger in den weichen Boden und zog junge Triebe des Alpen-Milchlattichs heraus. Er verstaute sie sorgsam in einem Jutesack, damit sie keinen Schaden nähmen. Der Korbblütler wächst bevorzugt in dieser Gegend. Die jungen Sprösslinge werden hier, wie jene des Guten Heinrich, als eine Art Bergspinat besonders geschätzt. In Öl und Essig eingelegt, geben sie für Wochen und Monate nahrhafte Salate.

Ich wollte ihm beim Graben helfen. Er aber sagte nur: „Jeder muss für sich selbst sammeln." Mehr sprachen wir den ganzen Tag nicht.

Fèro machte es sichtbar Freude, zu beobachten, wie sich der Milchlattich durch den letzten Schnee durchgekämpft hatte und nun seine rötlichen Schösslinge herausschob. Die Natur vollendet alles in einem ewigen Kreislauf. Der Spross wandelt sich in leuchtende grüne Blätter, aus denen Knospen sprießen. Dann öffnen sich bald die weithin sichtbaren violetten Blüten. Alles geschieht zur jeweils rechten Zeit, zu „ihrer Zeit".

Bei anderer Gelegenheit ließ mich Fèro an seiner Überlegung teilhaben, wie eigenartig er es findet, dass viele Menschen alles daran setzen, die Zeit zu ändern: zu beschleunigen oder aufzuhalten. Als stünde nicht alles im Zeichen der Ewigkeit – und der Verbindungen, die die Natur schafft. Auch das Verwachsensein mit dem Natürlichen durch uralte Riten und Bräuche gehört dazu. Er sagte, so als spräche er mit den Ungeistern unserer Zivilisation: „Zerstört nicht unsere Traditionen! Lasst dem Kräutersammler, was seit Menschengedenken wichtig für ihn ist."

Daran dachte ich wieder, als wir in Verbindung und Stille den Milchlattich gruben. Ich wusste, was er meinte, gibt es heute doch Regeln dafür, wie viel jemand in der Natur sammeln darf.

Am nächsten Tag gingen wir wieder zu der Milchlattich-Stelle und am übernächsten ebenso. Wir sammelten, bis die Zeit des Milchlattichs vorüber war. Stundenlang verbrachte Fèro in engster Begegnung und Berührung mit der Erde. Er arbeitete mit Gelassenheit und einer in sich ruhenden Selbstsicherheit. Nie kam der Eindruck auf, dass ihm diese Arbeit missfallen könnte. Er liebte all seine Tätigkeiten und mir schien, als bereite ihm jeder Handgriff Vergnügen. Sein Jutesack voller Pflanzensprösslinge füllte den Horizont seines Denkens wie bei Einstein die Relativitätstheorie.

Ich bestaunte Fèro, wie er trotz seines Alters von weit über 60 Jahren lockeren Körpers dahinging. Auch seine große, aufrechte und schlanke Statur sowie sein Gang unterschieden ihn vom normalen Wanderer. Das lag vielleicht auch daran, dass schon vor langer Zeit der Entschluss in ihm gereift war, weiter zu gehen als alle anderen. Er wollte sich von niemandem davon abbringen lassen. Und so ging er jeden Tag aufrecht durch sein Leben.

Ich verbrachte also meine Zeit mit einem Menschen, für den es eine sinnvolle Tätigkeit war, Sprösslinge des Alpen-Milchlattichs aus dem Boden zu ziehen. Und das über Tage hinweg. Die Ernte des gesamten Gebiets war Fèro vorbehalten. Denn obwohl die Waldbesitzer Kenntnis vom Nutzen des Waldgemüses hatten, schätzten sie es nicht besonders, da sich damit kein leicht verdientes Geld machen ließ. Sie duldeten stillschweigend Fèros Tun. Sein Antrieb war nie der Verkauf der Pflanzen. Die Freude und Genugtuung anderer war sein eigentlicher Lohn.

Meist verteilte er die geernteten Pflanzen unter den Leuten, damit sie ihre Speisen wohlschmeckender als üblich zubereiteten. Viele Kräuter lieferte er in den Restaurants und Pizzerias ab. Den meisten Leuten war nicht bewusst, wie viele bekömmliche Pflanzen und Früchte in den heimischen Wäldern wachsen. Manche fragten ihn, wie viel Geld er für seine Kräuter bekomme. Aber seine natürliche Haltung war, eben kein Geld zu verlangen. Es hätte ihn und die Pflanzen verdorben.

Die wenigsten konnten mit seiner Antwort, dass er es tat, um ein freies Leben zu führen, und dass ihm das alles bedeute, etwas anfangen. Umso mehr nahm er als Lohn den Dank der Gäste mit. Mit Dank verdiente er sich seinen Lebensunterhalt.

Hätten andere Fèro nachgeahmt – man hätte sie wahrscheinlich als verrückt bezeichnet. Da Fèro schon so lange mit den Kräutern lebte, schwieg man sich aber darüber einfach aus. Manchen fiel das wohl nicht ganz leicht. Die Gesellschaft nimmt doch oft ihr eigenes Tun als Maßstab und ist überrascht, wenn das Handeln einzelner „Ausreißer" dem entgegengesetzt ist. Ich konnte oft beobachten, wie manch einer dann davon ausgeht, dass unrechtmäßiges Gedankengut Antrieb all dessen sei. Doch von einem anderen Standpunkt aus betrachtet: Wäre es oftmals nicht vernünftiger, eher das Tun der Mehrheit als Unrecht zu bezeichnen als das der Minderheit?

Zu Besuch bei den Frauen der Wildnis

Fèro zählte zwar zur Minderheit – aber er war nicht allein. Mit Erstaunen lernte ich im Lauf der Zeit seine Freunde kennen. Noris Cunaccia kannte ich bereits – sie hatte mich damals ja zu Fèro gebracht. Noris wohnt im *Val Rendena*, einem Seitental der *Brenta*-Dolomiten. Dort gibt es den *Campanile Basso*, der wegen seiner Ersteigungskämpfe in die Geschichte einging. Von den Fremdenführern ausgiebig vermarktet werden auch die *Cascate di Vallesinella*, urtümlich anmutende Wasserfälle, die über verschiedene Dolomitbänke in die Tiefe stürzen.

Einst führte Noris mit ihrem Mann eines der besten Restaurants in Spiazzo, das *Mezzosoldo*. Das überbelastende, schnelle Leben entzweite ihre Beziehung, sie trennten sich – und irgendwann wurde sie zur Kräutersammlerin. So zieht Noris jedes Frühjahr los, um junge Triebe des Löwenzahns für Salate zu sammeln. Im Juni sucht sie die senfartig schmeckenden Blätter der Brunnenkresse. Auch der Gute Heinrich, die Brennnessel und die Klette kommen an die Reihe. So geht es den ganzen Sommer über weiter, bis im Herbst die Beerenernte beginnt.

Immer wieder ziehen Noris und Fèro auch gemeinsam los. Sie tauschen dabei ihre Gedanken und Erinnerungen aus. Ich staunte darüber, wie viele Kräuter sich gerade durch eine Gemeinschaft von Menschen mit uns verbinden. An einem Tag sind es andere als am folgenden Tag. In den nächsten Tälern sind es wiederum andere, in entfernteren nochmals ganz eigene. Alle mit besonderem Geschmack und ganz eigenen Kräften. Wer in den Bergen in die Kräuter geht, muss Pflanzenkenner sein. Aber auch Wetterprophet, Bergsteiger und Geländegänger.

„Alle Pflanzen können Beziehungen zu den Menschen aufbauen", meinte Fèro. „Alle haben eine Bedeutung und alle sind auch große Heilkundige."

„Wieso nützen wir dann die Pflanzen unserer Erde nicht besser?", fragte ich. Die Antwort blieb im Raum stehen.

Eine andere Frau der Wildnis ist Cheyenne Daprà. Bereits als Mädchen zog sie das Studium der Wildnis der verheißungsvollen Karriere an einer Universität vor. Sie streifte mit ihren achtzig Schafen durch das *Val di Rabbi*. Bis sie von den Behörden von dort vertrieben wurde: Ihre Genehmigungen wurden nicht mehr erneuert. So wechselte sie ins nächste Tal. Im Schweiße ihres Angesichts leistete sie dort ihre Arbeit als Hirtin – unter dem Zeltdach wie unter Bäumen schlafend. Sie hatte sich an der Universität der Natur eingeschrieben und wurde ihre gelehrigste Schülerin.

Viele meinen, von Bürostuben aus Neuland zu erreichen, indem sie ein Leben lang Bücher vertilgen, die die Erfahrungen anderer wiedergeben. Oder indem sie aus dem natürlichen Zusammenhang gerissenes Leben im Labor untersuchen. Für die Wissenschaft kann es wichtig sein, eine Pollenanalyse vorzunehmen. Doch die direkte und lebendige Verbindung zwischen Mensch und Pflanze ist durch nichts zu ersetzen.

Fèro beschrieb das einmal mit der ihm eigenen Sichtweise: „Für mich ist es ein Entzücken, wenn ich einer Pflanze in die Augen schaue. Die erste Zwiesprache ähnelt einer neuen Liebe. Ich taste mich an ihr Wesen langsam heran. Irgendwann kennen wir uns und sind Freunde."

Zwar wissen wir nicht, was eine Pflanze fühlt, und glauben eher, nur wir Menschen oder höhere Tiere hätten Gefühle. Doch wird eine Verbindung immer fühlbarer, wenn wir Pflanzen mit allen Sinnen zu erfassen trachten. Wenn wir riechen, ihre zarten Farben unterscheiden, ihre Gestalt ertasten. So lange, bis sich die Zeit auflöst. In enger Verbindung mit der Natur ziehen auch heute noch einzelne Kräuterfrauen und Hirtinnen durch die Hochgebirgstäler. Sie bleiben ihrer Überzeugung treu oder versuchen es zumindest. Für Fèro war es immer eine große Freude, wenn er sie traf. Für ihn waren es echte Weggefährten. Sie lebten meist von dem, was ihnen die Landschaft zur Verfügung stellte. Und doch war ihnen, als besuchten sie die besten Restaurants des Tales. Jeder nahm sich aus den Wäldern, so viel er brauchte, ohne sich darum zu kümmern, wem was gehörte. Wie könnte auch ein Wald jemals irgendjemandem gehören?

Die älteste der Kräuterfrauen, die wir gemeinsam besuchten, war Margherita Pallaoro aus St. Orsola im Fersental. Die uralte Frau sprach in ihrer Weisheit oft von Dingen, die nicht von dieser Welt sein konnten. Darüber hinaus kannte sie jedes Kraut und wusste, wofür man es einsetzen konnte. Bei Diphterie und Tuberkulose, bei Schwindsucht, sogar gegen die Pest. Ich wies sie darauf hin, dass es sich hier um Krankheiten handelt, die vor Jahrhunderten einmal häufig waren, heute aber nicht mehr. Sie ging darauf nicht ein. Sie lebte schon fernab unserer Zeit, in einer eigenen Welt. Ich fragte mich: War sie es oder vielmehr ich, dem es am Zugang zur Weisheit fehlte?

„In jedem von uns ist ein Urwissen vorhanden", meinte Margherita. „Die meisten haben das verdrängt. Nur die wenigsten erinnern sich noch daran." Sie sprach ähnlich wie Fèro.

„Wir müssen die Pflanzen verstehen", betonte sie mit nachdenklichem Blick. „Betrachtet die Herbst-Zeitlose. Man kann mit ihr Menschen umbringen. Oder heilen." Sie nannte dabei die Gicht und Krebserkrankungen. „Genauso die Tollkirsche. Sie kann töten. Oder Koliken lindern." Sie fuhr fort: „Nehmt das Maiglöckchen. Es kann das Herz heilen oder lähmen."

Margherita erwähnte eine Vielzahl von Pflanzen und sprach vom Guten wie vom Bösen. Die zwei Seiten, die allem innewohnen. So als walteten in der Natur zwei Seelen. Dann nahm sie einige Salbeiblätter zur Hand und hieß uns, sie zu kauen.

„Hat jemand schlechten Atem, so wird er gut. Eine Halsentzündung wird gelindert. Nehmt den Heil-Ziest bei Verstopfung. Nehmt ihn aber genauso bei Wunden und Abszessen. Führt ihn eurem Körper innen zu und auch außen."

Sie holte eine Arnikatinktur hervor. Hergestellt aus den schönen dunkelgelben Blüten. Diese Blume wird auch *pianta della caduta* genannt, was *Pflanze gegen das Fallen* als anderer Begriff für Epilepsie bedeutet.

„Damit ist das körperliche Fallen wie eine geistige Schwäche gemeint", wusste Fèro.

Dann sang uns Margherita alte Lieder vor, von deren Inhalt wir kein einziges Wort kannten. Trotzdem war uns, als verständen wir ihre Welt und ihre Worte. Mir wurde in diesem Moment auf Anhieb klar: Es gibt sie, die universelle Sprache, die von den Lebewesen aller Zeiten gesprochen wird.

Die alte Kräuterfrau verhielt sich beim Singen und Erzählen wie ein Kind, das sich zum ersten Mal eine neue Welt erobert, noch mit den Erlebnissen im Mutterbauch verbunden ist und sich mehr und mehr über die Eigenheiten der neuen Welt wundert. Nur war es bei ihr umgekehrt: Sie war noch etwas mit den Erinnerungen ihres Lebens, ihrer fast vergangenen Daseinsform verbunden, führte diese aber allmählich dem Vergessen zu, um Platz für ihre nächste Daseinsform zu schaffen. Ihre Erzählungen waren für uns höchst anrührend und bedeutsam. Es tut gut, seinen Geist mit Gedanken zu füllen, die über Leben und Tod hinausreichen.

Je länger wir mit ihr waren, desto mehr spürten wir aus ihr den Geruch der Erde hervorkommen, der jenen Menschen zu eigen wird, die schon beim Zurückkehren in die geistige Welt sind, um ewig weiterzuleben. Sie hob beschwörend ihre Hände, als kehrte sie noch einmal aus einer weiten Ferne zurück, und wir verstanden sie etwas deutlicher.

„Nun bin ich alt geworden und man hat mich vergessen. Sie arbeiten alle ohne Gewissen. Nur für das Geld. Und doch stehen sie jeden Tag mit leeren Händen da. Ohne Gedanken, aber mit Reue", entfuhr es ihr.

Sätze solcher Art quollen plötzlich aus ihr hervor. Ich kam ins Staunen, wie eine einfache Frau solch tiefsinnige Philosophien entwickeln konnte. Sie hatte nie eine höhere Schule besucht, nie studiert. Ich dachte an Fèros Einstellung, die er immer wieder ausdrückte: Bewerten wir die Menschen niemals nach Status, Titel oder Symbolen. Freuen wir uns dagegen einfach an der Aussagekraft ihrer Gedanken. Der Geist solcher Menschen sieht oft tiefer und weiter als der von vielen anderen.

Dann dachte ich: Wie können wir doch von einem solchen Wissen über das Leben und den Tod lernen und uns im wahrsten Sinn des Wortes bilden! Auch über die Heilkraft der Pflanzen. Wir benötigen dabei nicht nur den Schatz, die Pflanze. Genauso brauchen wir auch den Schatzgräber, der die Kunde hat.

Nach einem kurzen Innehalten fuhr die alte Margherita, die ihren Namen von einer Wiesenblume bekommen hatte, in ihren zeitlos anmutenden Erinnerungen fort: „Wir werden zu den Kräutern zurückkehren!"

Sie sagte es so, als wäre es bei ihr schon passiert. Ein zahmer Rabe – Milo mit Namen – flog um sie herum. Er war ihr Begleiter und schien sich mühelos zwischen den Dimensionen des Seins zu bewegen. So als wollte er das Reich des Lebens ein für alle Mal aufheben und zeigen, dass im Tierreich wie in der Welt der Pflanzen alles eine unendliche zeitlose Einheit bildet.

Wir verabschiedeten uns von Margherita, der Kräuterfrau. Für heute, vielleicht für immer. Oder für nie.

Die Kunst des Suchens

Fèro führte mich eines Tages wie ein Druide aus längst vergangener Zeit in die Wälder der *Brenta*-Dolomiten, um mich in die hohe Kunst des Beerenpflückens einführen. Wir kamen zunächst an zahllosen Feldern vorbei, auf denen von Menschenhand manipulierte Früchte wuchsen, darunter viele Plantagen für Zuchterdbeeren. Die kleinen Pflänzchen werden heute mitsamt der Erde aus fernen Zuchtstationen hierher gebracht.

Fèros Blick sprach Bände. Was ist heute unser täglich Brot? Eine Mischung aus hochgezüchteten Körnern, die alle gleich eintönig schmecken. Was ist unser täglich Fleisch? Gezüchtet in „unmenschlichen" Ställen mit Lebewesen, deren einziger Zweck es ist, als zu vertilgender Fleischberg zu dienen. Und was ist unser täglich Leben? Ein von Normen und Gesetzen zusammengehaltenes Gefängnis, das uns eine Sicherheit vorgaukelt, die es nicht gibt, nicht geben kann – und wohl auch nicht geben darf.

Fèro meinte: „Lass uns in die Wiesen und Wälder ziehen, um das zu suchen, was uns wirklich ernährt. Öfter wird man ernährt, als dass man sich ernährt. Nahrung, die unseren Geist füllt, gibt es in der Zivilisation selten. In der Wildnis wartet sie nur auf uns."

Ende Juni reifen in den Dolomiten die ersten Wald-Erdbeeren. Dann kommen im Wandel der Jahreszeiten die anderen Früchte an die Reihe. Jede einzelne dieser kleinen Früchtchen schlägt die hochgezüchteten aus den Geschäften um ein Vielfaches. Schon die Suche nach einer einzigen Wald-Erdbeere bewirkt in uns Meditation und führt zu einem Abstand vom Zeitlichen. Wir lassen die süßen Beeren auf der Zunge zergehen, staunen über manch eine säuerliche und fragen nach dem Warum.

Fèro verbrachte in der Natur einen Großteil seiner Jahre. Wie reich er ist! Heute sehnen sich mehr und mehr Städter nach dem „Wilden". Eigentlich möchte jeder in der Tiefe seines Herzens ein Wilder sein. Doch die allermeisten schreckt eine Urangst ab. So bleibt es bei einem „Hauch von Wildnis".

Fèro wusste, was uns die Wildnis geben kann: „Ein jeder sollte zumindest ein paar Tage im Jahr versuchen, wild und roh zu leben. Im übertragenen wie im wirklichen Sinn. Es muss nicht alles zu Tode gekocht werden. Frische Beeren und Kräuter aus den Wäldern, Salate aus dem Garten sind echte Nahrung, Urnahrung.

Das Suchen nach Essbarem draußen in der Natur muss erlernt werden. Nicht jeder kann suchen. Es sind eigentlich die Wenigsten, die das können. Suche bedeutet, nie mit einem Anspruch der Gier in die Wildnis zu gehen. Man muss nicht immer Adler sein. Es macht nichts, manchmal Feuersalamander zu werden und von diesem Blickwinkel aus die Welt zu beobachten. Durch Wälder aus dichtem Adlerfarn zu waten kann genauso lehrreich sein wie zwischen hohen Berg-Kiefern hindurchzuschreiten. So machen wir mit wachsamen Augen jeden Steinpilz im Unterholz ausfindig – genauso wie die dort lauernde Kreuzotter.

Kräutersucher bewegen sich durch die Natur ganz sacht. Sie verletzen sie nicht mehr als das vorsichtige Reh oder die trittsichere Gämse. Wer das lernt, geht auf sanften Füßen durch sein Leben."

Er war überzeugt: „Die Erde gibt, und die Erde nimmt, wenn man stirbt. Je weniger wir der Natur nehmen, desto weniger brauchen wir zurückzugeben."

Die schütteren Koniferenwälder waren mit reifen Heidelbeeren und an besonders sonnigen Stellen mit Himbeeren austapeziert. Wir setzten uns hin und begannen zu pflücken. Eine nach der anderen führten wir sie in den Mund, ließen sie langsam zerplatzen, während unsere Lebenszeit als gemächlicher Strom an uns vorüberzog. Wir fühlten uns wie auf einer inneren Reise, wir erfassten das Wesen der Wildnis. Nichts lenkte uns von unserer anspruchslosen Arbeit ab. Kein Telefon, kein Termin, keine Aufgabe.

Fèro sagte einmal: „Die Natur kennt nur ein Fließen und keine Jahre, Monate oder Tage."

Die Himbeeren und Erdbeeren gehören zu den hartnäckigsten und erfolgreichsten Bewohnern der Berge – und das seit Tausenden von Jahren. Reißen Lawinen tiefe Breschen in die Landschaft oder werden ganze Wälder von Menschenhand abgeholzt, sind sie die ersten Siedler, um die Landschaft zu sichern.

Fèros Naturphilosophie war einfach und tiefgründig zugleich: „Alle Pflanzen sind irgendwo heimisch und tragen die Geschichte ihrer Gegend in sich. Mango und Maracuja schmecken am besten in den Tropen. Blaubeeren, Preiselbeeren und Erdbeeren in unseren Wäldern."

Früher zogen die Frauen mit ihren Kindern zur Endsommerzeit auf Beerenlese. Viele wussten von geheimen Stellen tief in den Wäldern, von verborgenen Plätzen, die blau von Beeren waren. Die Leute hüteten solche Orte als großes Geheimnis. Die Kunde davon wurde von Urgroßmüttern und Großmüttern übertragen. Abends dann reinigten die Frauen die Früchte des Waldes von den letzten anhaftenden Blättern, um sie für hungrige Zeiten einzukochen. Sie lebten mit den Rhythmen der Natur.

Raubbau an der Wildnis

Die Dolomiten werden Weltnaturerbe

„Insbesondere ist es möglich, die Geo-Geschichte dieses Zeitalters wie in einem riesigen Buch aus Stein zu rekonstruieren und auf antiken Lagunen zu spazieren, deren Rand mit Überresten von Korallen und Schwämmen zu besichtigen und anschließend entlang der alten Böschungen hinunterzugehen, um schließlich den Grund antiker Ozeane zu erreichen. Im Raum und in der Zeit kann das Aufeinanderfolgen von antiken Riffen beobachtet werden, gleichermaßen kann man Vulkanausbrüchen beiwohnen oder die Entwicklung der unterschiedlichen Lebensformen nachverfolgen – von den Weichtieren bis zu den Dinosauriern."

So äußerte sich Professor Mario Panizza anlässlich der Generalkonferenz der UNESCO zur Eintragung der Dolomiten als Weltnaturerbe in Sevilla. Es war eine Lobrede auf die Besonderheiten dieser Region. Das war im Juni 2009.

Damit ging ein jahrelanges Bemühen von Interessenvertretern der Tourismusindustrie wie aus verschiedenen Wirtschaftszweigen ganz in ihrem Sinn zu Ende. Gebührlich feierten sie den „Wert der Dolomiten" und das „Interesse der Menschen an den Dolomiten".

„Aus landschaftlicher Sicht weisen diese Berge außergewöhnliche Merkmale der monumentalen Beschaffenheit, der Originalität und der Spektakularität auf", brachten es die Bewerber auf einen Punkt. Und weiter: „Aus geomorphologischer Sicht enthalten die Dolomiten eine umfassende und beispielhafte Kasuistik von Phänomenen, die von ihrer komplexen geologischen Struktur und von den früheren und aktuellen Klimabedingungen herrühren: Bergzinnen, Fialen, kalkhaltige und dolomitische Pinakel und Böschungen, Bergketten und Ausläufer von Vulkangestein, leichte Abhänge in lehmigen Gebieten, Geröllschichten und Kegel, Geröllhalden durch Steinlawinen, Ebenen, Seen, Sturzbäche usw. Es können außerdem prä- und interglaziale Überreste beobachtet werden – bis hin zu den heutigen, aber vor allem auch Erosions- und Aufschüttungsformen der antiken Gletscher."

Darin stimmten alle Medien überein, dass eine Einstufung als Weltnaturerbe gleichzeitig eine Lizenz zum Gelddrucken darstellte. Fèro war kein großer Zeitungsleser, aber er ahnte, dass nun unter dem Deckmantel des Naturschutzes die Zerstörung einer gewachsenen und einzigartigen Landschaft lizenziert wurde.

„Je mehr Aufmerksamkeit die Menschen einer Sache schenken, desto sicherer wollen sie sie zu ihrem Besitz machen", wusste er. „Es geht ihnen nicht darum, einen weiseren Zugang zur Natur zu finden. Sie wollen eine Handhabe, um immer mehr aus ihr herauszupressen."

Zum größten Teil hat der Mensch die Dolomiten bereits in seinen Besitz genommen. Dazu gehören fast die Gesamtheit der Täler sowie viele Gipfel, die für die verschiedensten Zwecke vereinnahmt werden.

Doch nun standen von Jahr zu Jahr mehr Finanzinvestoren in den Startlöchern, um weitere Hotels zu planen, neue Liftanlagen und neue Vergnügungsstätten zu errichten. Ihr Hauptaugenmerk war wie das eines Monsters genau darauf ausgerichtet, in bisher unberührten Gebieten der Natur ihr den letzten Freiheitsraum zu rauben. Es ging vor allem um „mehr": mehr Anlagen, mehr Produktion, mehr Geldgewinn. Viele Menschen, auch Bauern aus der Gegend, wurden tatsächlich in kürzester Zeit reich. Das heißt, sie erreichten Geld, Häuser, teure Autos.

So verbrachten immer mehr Einheimische ihr Dasein in vielfältiger Geschäftemacherei mit den „angeworbenen" Touristen. In den Dolomiten gibt es eigentlich nur zwei Jahreszeiten: die Hochsaison und die Nebensaison. Wobei erstere immer länger wird.

Da sich aber der Geschäftssinn bei vielen einheimischen Besitzern durch ihr seit Jahrhunderten nach außen abgeschlossenes Leben in den Bergen doch nicht so stark entwickelte wie anderswo, verkauften sie irgendwann ihre Läden an große Supermarktketten. Die Konsequenz war, dass viele Bergler nun dort wie Sklaven arbeiteten, um ihren Unterhalt zu verdienen. An den bleichen, abgearbeiteten Gesichtern war – wie auch an den abgestumpften Gefühlsregungen – zu erkennen, wie wenig frei sie sich mittlerweile fühlten. Es kam, wie es kommen musste: Ein Großteil der Menschen diente einer skrupellosen Minderheit als Erfüllungsgehilfen.

Manche Spekulanten gingen zu den Bauern außerhalb der Städte und Dörfer, die seit Jahrhunderten mit ihren Blutsverwandten die Höfe bewirtschafteten. Sie legten ihnen so lange Geld hin, bis Hof und Ländereien den Besitzer wechselten. Natürlich ging es ihnen nicht im Mindesten darum, inmitten der Natur karge Felder und Wälder zu bearbeiten, sondern die gekauften Flächen dienten einzig und allein als Investitionsobjekt. Geld wechselte den Besitzer – und verflüchtigte sich danach zumeist schnell ins Nichts.

Viele der Bauern wachten zu spät auf und fragten sich mit Wehmut, wie sie es hatten zulassen können, für einige Geldscheine ihre sonnengebräunten Häuser auf immer zu verlassen. Nun wohnten sie in nichtssagenden Plattenbauten, umgeben von modernem Plastikkitsch. In ihren ehrwürdigen Bauernhöfen saßen dagegen für einige Tage im Jahr jene, die ein Leben lang nach Gewinn und Zinseszins streben. Als könne man Geld mit in die Ewigkeit nehmen und im Ozean der Zeit damit bezahlen. Manch einen machte es traurig zu sehen, wie die stolzen, wettergegerbten Bauern, Sammler und Hirten, die auf ihre Weise mit den Rhythmen der Natur gelebt hatten, nun – ihrer Rechte und Erde beraubt – ein gebrochenes Leben führten.

Die seelische Armut zeigte sich auch darin, dass die zeitlosesten und wertvollsten aller Künste darbten: Der Antrieb nach Forschung und Kultur lag darnieder. Viele, die durchaus das Talent in sich trugen, Großartiges für die Menschheit zu leisten, legten zwar für kurze Zeit hehre Wertvorstellungen an den Tag. Doch aus Kurzsichtigkeit, Willensschwäche und aufgrund der starken Einflussnahme der Masse schafften sie es nicht, über das Mittelmaß der Normalität hinauszukommen.

Die Ausbeutung der Natur brachte insgesamt der Region materiellen Wohlstand. Es tat sich – vielleicht deshalb – kaum jemand hervor, der sich traute, mit dem Finger auf den offensichtlichen seelischen wie kulturellen Notstand zu zeigen. Es gab kein Aufbegehren.

Fèro hatte seine eigene Sichtweise auf die Gesellschaft: „Widmen wir uns den neugierigen Jugendlichen. Bieten wir ihnen mehr, als dass sie hinter Spielautomaten ihre Jugend verlieren. Lasst sie in die Wälder gehen! Dort können sie forschen und kreativ sein, dort wird ihre Seele gesund."

Doch niemand griff diesen Ansatz auf. Die Bauern der Gegend hatten noch Respekt vor den großen Bäumen, die Neubürger und

Heranwachsenden aber nicht. Niemand von ihnen interessierte sich für ihre Geschichte und für das, was sie über vergangene Zeiten erzählen konnten. Auch das Miteinander änderte sich innerhalb weniger Jahre. War der Kinderreichtum noch eine Generation zuvor der ganze Stolz einer Familie gewesen, so lebte bald eine große Anzahl von Menschen kinderlos. Zu sehr hatte man Männer wie Frauen dazu gebracht, sinnlose Arbeiten zu verrichten. Diese nahmen einen Großteil des Tagesgeschäfts ein und fraßen ihre Lebensenergie auf. Selbst nach vollbrachtem Tagwerk wurden weder ihr Kopf noch ihr Körper frei davon.

Was war passiert seit dem Jahr 2009? Die Eintragung der Dolomiten in das Weltnaturerbe diente amtlichen Stellen als Rechtfertigung, um den seit Jahrhunderten in den Tälern wohnenden Einheimischen mehr und mehr die angestammten Rechte zu beschränken oder sogar zu verweigern. Grundlage für eine perfide Argumentation war die Behauptung, die Alteingesessenen seien ohne Hilfe von außen nicht in der Lage, mit dieser Auszeichnung richtig umzugehen. Sie hätten schon bisher nur wenig mit der Natur anzufangen gewusst. Doch gäbe es Pioniere und Visionäre, die imstande wären, „für alle" aus der unberührten Wildnis Nutzen und Gewinn zu ziehen. Durch ausgeklügelte Gesetze wurden hinter den Kulissen die Strippen gezogen – die wenigsten Bewohner bekamen davon etwas mit. Ein unheimliches System der Unterjochung begann bald die Gemeinschaft zu beherrschen.

Fèro war einer der wenigen, der beharrlich blieb und seine Stimme erhob: „Ihr verlangt eine intakte Natur, aber ihr wollt sie mit breiten Straßen erreichen. Ihr wollt die Tiere des Waldes aus der Nähe erleben, doch von euren Häusern sollen sie fernbleiben. Ihr wollt viel Vergnügen erleben und nichts dafür geben."

Für Fèro wurde immer offenbarer, dass die heutige Gesellschaft nach Durchschnittsmenschen verlangt – und Durchschnittsmenschen macht. Die Messlatte war das Mittelmaß, das nicht auffällt und angepasst ist. Umso mehr wollte er aufrütteln, wach machen. Eigentlich hätte ein jeder nur einwenden müssen: „Ich mache nicht mehr mit, ich gehe!" Doch Verbote und subtile Androhung von Strafen schreckten die meisten davor ab, aus eigener Kraft und mit Ausdauer eine Veränderung der allgemeinen Lebenslage zu bewirken. Kaum einer konnte von sich behaupten: „Ich habe mich aus den Zwängen befreit." Noch geringer war die Anzahl jener, die über ihr Leben selbst bestimmten. Diese wenigen konnten das auch nur, weil sie die innere Stärke hatten, die neuen Gesetze nicht zu achten. Sie ließen sich weder demütigen noch einschüchtern. Meist endeten sie in Ruin oder Wahn.

Die Gier nach den letzten Refugien

Irgendwann kam die Zeit, als auch rund um den Tovelsee die Wälder für neu geplante Skigebiete abgeholzt wurden. Gleichzeitig entstanden in den Tälern riesige Appartementanlagen für die Touristen. Im Nonstal wurden endlose Obstplantagen angelegt und fast jeden Tag neue Industriekomplexe eingeweiht. Allerorten fraßen sich Straßen in die Natur hinein.

Die Bewohner mancher Ortschaften verstanden es besser als andere, aus der natürlichen Schönheit der *Brenta*-Dolomiten einen Gewinn zu ziehen. In Madonna di Campiglio, Pinzolo, Folgarida entstand eine Unzahl von Ferienhäusern und Hotels, verschiedenste Vergnügungsstätten wucherten. Sie erfüllten nur den einen Zweck: für ein oder zwei Wochen im Jahr wohlbetuchten Leuten von auswärts einen Hauch von Natur zu vermitteln.

Ein unheilvolle Entwicklung setzte ein: Die letzten Wildbäche wurden gebändigt. Murmeltiere, Gämsen, Hirsche und Rehe nach

Plan abgeschossen, ganze Landschaften wurden umgeformt. Planungen zum Bau einer Straße durch die *Gola* in Richtung *Malga Flavona* waren schon lange vorher im Geheimen beschlossen worden. Zusätzlich wurden weitere 18 Straßen durch den Naturpark *Adamello-Brenta* geplant. Die Bürgermeister der umgebenden Orte waren schnell für diese Anliegen gewonnen – selbst die Naturparkverwaltung hatte nichts dagegen, diese letzten unberührten Paradiese zu vernichten: „Es gibt keine Umweltschäden", rechtfertigte sich der Direktor Claudio Ferrari öffentlich in den Zeitungen. Die auch für schwere Fahrzeuge zulässige Straße durch die *Gola* sei notwendig. Zum Wohle aller.

Bedenken von Naturschützern waren schnell ausgeräumt. Die zuständige Forstbehörde von Cles ließ über ihren leitenden Angestellten Maurizio Mezzanotte mitteilen: „Es gibt dort keine langsam wachsenden Fichten, die bei Geigenbauern begehrt sind. Höchstens einige isolierte Exemplare. Auch ist das sonst so seltene Moosglöckchen überall am Tovelsee häufig. Ob es überhaupt an der *Gola* vorkommt, muss noch überprüft werden." Zudem wurde verneint, dass es dort Höhlen für Bären gab und sich Auerhähne, Hirsche und Rehe in der *Gola* besonders zahlreich aufhielten.

Fèro zog bei dieser Erzählung ein Schreiben heraus, das er bei sich trug. Er zeigte mir ein mit ungelenker Bleistiftschrift verfasstes Papier. Eine seit Langem nicht mehr gültige Wertmarke klebte darauf. Dann las er vor.

„Bei allen Dingen gibt es immer ein Warum. Wenn unsere Vorfahren sich entschlossen haben, die Ruhe der *Gola* nicht zu stören, dann taten sie es aus gutem Grund. Dort gibt es Nadelbäume, deren Holz einen einzigartigen Klang verbreitet. Es ist die Arena des Auerhahns und der Spielhahn hat seinen Harem. Rehe, Gämsen, Hirsche leben dort in großer Zahl, während der Bär nach seinem Winterschlaf durchzieht, um zu den höher gelegenen Gebieten zu gelangen.

In der *Gola* gedeiht noch das im Aussterben begriffene Moosglöckchen. Ich, Valentino Ferruccio, in meiner Eigenschaft als guter Kenner der Tiere und der Pflanzen, Mensch der Berge, wende mich moralisch und mit meinem ganzen Recht dagegen, dass in dieser Gegend eine Straße erbaut wird."

Bei den Einheimischen war die Geschichte bekannt, dass sich sogar der berühmte Antonio Stradivari von Cremona aus persönlich in die weit entfernten Täler der *Gola* begeben hatte, um besondere Fichten auszuwählen, aus deren Holz seine weltbekannten Geigen gefertigt wurden. Dort fand er jene außerordentlichen Bäume, die ohne allzu viel Sonne ganz langsam und gleichmäßig wuchsen. Je feiner und schmäler die Jahresringe, desto besser.

Féro meinte: „Wie bei den Fichten, so auch bei den Menschen. Eine ehrwürdige Schönheit zeigt sich aus dem Inneren heraus." Er ahnte: „In ein paar Jahrzehnten werden die letzten alten wilden Fichten, Tannen und Lärchen aus dieser Gegend getilgt sein. Und bald danach auch die Erinnerung an eine einstmals unberührte Gegend."

Seine Augen blitzen auf, als er nach einer kurzen Pause nachschob: „Lasst doch die Menschen leben, wie die Pflanzen! Lasst die Natur entscheiden, wem es gelingt, über andere hinauszuwachsen. Sie führen Gesetze ein, damit eine kleine Schicht mit Willkür die große Masse beherrscht. All die Politik und Gesetze sollten wir als äußerste Nebensächlichkeit betrachten. Indes sind sie zum Hauptgegenstand unseres Denkens geworden."

Während Fèro einsam als einziger Bewohner am Tovelsee lebte, hatte er zu beobachten gelernt. Die Natur wie die Seele der Menschen. Er wusste, dass viele Menschen für alles Rechtfertigungen fanden oder erfanden, wenn es darum ging, ihre Gier zu befriedigen. Umso mehr lernte er zu kämpfen. Selbst auf die Gefahr hin, gefesselt oder niedergeknüppelt zu werden.

Er teilte seine Sorgen dem Bürgermeister Piero Leonardi aus Tuenno mit. Dieser leitete Fèros Botschaften an die Behörden weiter sowie an die so genannten Vertreter des Naturschutzes. Unterdessen wurde Fèro immer aktiver und erzählte den Leuten von seinem Wissen über die *Gola*: vom Spielhahn, den Gämsen, den seltenen Blumen. Damit nicht die „Unkenntnis" entschied, sondern echtes Wissen. Und es geschah ein kleines Wunder: Die Straße durch die *Gola* wurde nicht gebaut! Ferruccio Valentini, der Waldmensch, hatte sich durchgesetzt. Doch für die höheren Institutionen wurde er damit zu einem Querulanten. Sie beobachteten von da an genau, was er tat, und versuchten durch verschiedenste Maßnahmen, sein Leben in der Natur zu erschweren. Sie taten darüber hinaus alles, um die öffentliche Meinung gegen ihn aufzuwiegeln.

In den Behörden setzte sich die Meinung fest, dass ein bisher unauffälliger Bürger Gefahr lief, dem Staat nicht mehr im gewohnten und gewünschten Sinne zu dienen, also zum „Nichtbürger" zu werden. Beamte fassten den Beschluss, diesen Mann fürderhin argwöhnischer und dauerhafter zu beobachten, als es gewöhnlich anderen Bürgern zuteilwird. Offenbar schwang die Annahme mit, dass einer, der sich aus der Gesellschaft löste, ihr gegenüber nur Böses im Sinne haben konnte. Es setzte sich die allgemeine Überzeugung durch, dass diesem Mann vom Tovelsee ein Bewusstsein um die Gesetzmäßigkeit seines Handelns ganz oder teilweise abhandengekommen sei. Die von ihm immer wieder vorgebrachten Ansichten über Gesetze und ein freies Leben in der Natur machten ihn verdächtig.

Als Fèro eines Tages bei seinen Bienenstöcken nach dem Rechten sah, erwartete ihn die Polizei. Die Beamten waren der Meinung, dass viele seiner für ein Leben in der Wildnis geltenden Grundsätze nicht mit den Gesetzesregelungen der allgemeinen Gesellschaft übereinstimmten. Sie stellten dem überraschten Waldmenschen Fèro die dafür vorgesehene Geldstrafe aus. Dies in der festen Überzeugung, jeder Mensch trage den staatlichen Institutionen gegenüber Gehorsam in sich, der genügen sollte, sich kleineren, scheibchenweise ausgestellten Strafen zu beugen. Die anstandslose Bezahlung wurde erwartet – auch als Zeichen für den anerzogenen Respekt des Einzelnen dem Staat gegenüber, damit er als Bürger einer dauerhaften sozialen Ächtung entginge.

Doch hatte der See Fèros Charakter inzwischen noch mehr gefestigt und eine innere Sturheit – man könnte auch sagen: Aufrichtigkeit und Haltung – hervorgebracht, die ihn gegen jedes Obrigkeitsdenken immun werden ließ. Wenn er sich schon mit einem von Beamten aufgestellten Staatsgebäude befassen und arrangieren musste, hatte er dennoch nicht vor, mehr als unbedingt notwendig mit diesem System zusammenzuleben.

„Der blinde Gehorsam gegenüber den Gesetzen macht jeden zu einem angenehmen Bürger seiner Zeit – und zu einem Feigling für die Ewigkeit", glaubte er.

Fèro blieb hartnäckig und weigerte sich zu zahlen. Zum ersten Mal staunte die Gesellschaft über den Mann am Tovelsee, der voller Überzeugung nach eigenen Prinzipien leben wollte. Einige, die selbst nie den Mut dazu hatten, fanden es gut. Ein Großteil der Gesellschaft allerdings ging reflexartig davon aus, ein Mensch schlechten Charakters habe sich der Öffentlichkeit entzogen. Diese Bürger vertrauten darauf, dass die zuständigen Institutionen die störende Angelegenheit bald regeln würden.

Man wollte den einzigen Bewohner am Tovelsee zur Besinnung bringen, um die „Gefahr", die von ihm ob seiner „Gesetzlosigkeit" für die Allgemeinheit ausging, zu bannen. Wenn es sein musste, notfalls mit Haftstrafe. Es schien, als wäre Fèro innerhalb kürzester Zeit zum größten Schwerverbrecher seiner Gegend geworden.

Fèro weitete seine Gedanken und sagte zu mir: „Keine einzige Gämse hat je eine andere wegen irgendwelcher Verfehlungen in ein

Gefängnis gesteckt. Wir dagegen trachten dauernd danach, Mitmenschen irgendein Vergehen vorzuhalten. Kein Reh würde jemals ein anderes dazu zwingen, Futter für ein anderes herbeizuschaffen. Bei uns gehört es zur Normalität. Kein Murmeltier schreibt einem anderen vor, wie es zu leben hat."

Es kam der Tag, an dem ihn sein Freund Mario Cova warnte: „Pass auf! Unten im Tal wartet ein ganzes Heer Polizisten auf dich!" Als Fèro näher kam, die Dunkelheit brach bereits an, zählte er an die dreißig Menschen, Polizisten mit Hilfskräften. Sie hetzten sofort Hunde auf ihn.

„Auf der Stelle schoss mir das Adrenalin in meine Eingeweide und ich sprang wie ein Hirsch einen nahen Abhang hinunter ins Unterholz. Mit Lampen versuchten sie mich im dichten Gebüsch aufzuspüren. Einer der ‚Wolfshunde' biss sich an meiner Hose fest. Sie verfolgten mich, einem Gauner gleich.

Ich konnte mich losreißen. Mir kam instinktiv die Idee, mich auf einen Baum zu retten. Ich sah eine Fichte mit tief niederhängenden Ästen, erhaschte einen davon und kletterte wie eine Katze in die Höhe. Es bereitete mir allerdings einige Mühe, wog mein Rucksack doch sehr schwer. Trotzdem kletterte ich fast bis in den Wipfel. Dort angelangt, zog ich eine Schnur aus meiner Tasche und knotete mich am Stamm fest."

Hätte Fèro Tausende von Bäumen abgeholzt für den Bau von Skipisten, hätte er Hunderte von Hektar gerodet für Fabriken, Hotels oder Geschäftszentren, hätte er Tonnen von Gift über seine Äpfel versprüht – man hätte ihn als Wohltäter des Tales gefeiert. Doch so war er ein Ausgestoßener, ein Gesetzesbrecher, ein Wilderer und Querulant. Er war zum gefährlichsten Mann der Gegend geworden.

Vom Baum oben überblickte Fèro die Lage. „Bald hörte ich einige von ihnen unten in der Art sprechen: ‚Wir dürfen niemandem davon erzählen. Nichts liegt gegen ihn vor. Das ist seine Erde und sein Revier. Er entschwand in die Wildnis, souverän wie ein freies Tier. Eigentlich sind wir die Verbrecher, wenn wir uns einer freien Person gegenüber so verhalten. Er hat alle Genehmigungen und tut nichts Unrechtsmäßiges."

Manchen Beamten war das offenbar nicht genug. Hoch oben am Baum festgekrallt, wurde Fèro klar: Sie würden ihn auch in Zukunft hetzen. Nach einer halben Stunde vergeblichen Stöberns waren sie schließlich verschwunden. Fèro befreite sich von den Stricken und kletterte den Baum hinunter.

„Je weiter ich mich nach unten bewegte, je mehr ich gesellschaftlich geächtet wurde, desto mehr richtete sich mein Gewissen auf. Es wäre für mich einer inneren Verurteilung gleichgekommen, hätte ich mich mit diesem System arrangiert."

Er wusste, was auf ihn zukam – und dachte dennoch nicht daran, sich um einen Rechtsanwalt zu bemühen. „Meine Verteidigung nahm ich selbst in die Hand."

Einige Wochen später war es so weit. Er stand vor Gericht. „Der Richter schaute mich an und fragte: ‚Haben Sie Recht studiert?' Meine Antwort war: ‚Ich bin ein Experte für Natur und Pflanzen. Das befähigt und berechtigt mich, meine Verteidigung selbst zu übernehmen.'"

Fèro wurde freigesprochen.

Der einzige Kämpfer für die Wildnis

Bereits im Frühjahr 2009, vor dem endgültigen Entscheid der UNESCO, begannen Arbeiter trotz aller gegenteiligen Beteuerungen der Behörden, am Ufer des Tovelsees einen neuen Wanderweg in

Auftrag zu geben. Sie führten umfangreiche Erdbewegungsarbeiten durch und errichteten Stützmauern, so dass am Ende ein mehr als zwei Meter breiter Weg am See entlangführte. Es sah aus, als handle es sich um die Zufahrt zu einem neuzeitlichen Vergnügungspark. Die meisten Menschen der Gegend maßen dem alles übertönenden Lärm der Raupen und Lastwagen nicht viel bei und sonnten sich in Gleichgültigkeit und Sorglosigkeit.

„Diese Arbeiten wurden gegen meinen Willen vorgenommen und gegen den Willen all jener, die Respekt vor der Natur haben", erhob Fèro seine Stimme.

Weitere Planungen für einen noch größeren Ausbau der Ufer wurden indes vorbereitet. Fèros Ansichten hatten sich mittlerweile so gefestigt, sein Gerechtigkeitssinn war so stark, dass er nun unnachgiebig den Kampf aufnahm. „Wieder einmal hat sich die Parkverwaltung ohne Einsicht und Respekt vor der Landschaft gezeigt", waren seine deutlichen Worte.

Umso mehr formierten sich seine Gegner, um zu versuchen, den Geist des hartnäckigen Tovelsee-Bewohners zu brechen. Für Fèro überraschend war immer wieder, dass gerade jene, die sich Natur- und Umweltschutz zu ihrem Leitprinzip erkoren hatten, abwiegelten und Kritik als ungerechtfertigt oder überzogen abtaten. Sie taten mit wichtiger und seriös wirkender Miene so, als könnten die massiven Zerstörungen mit einem schonenden Umgang der Landschaft in Einklang gebracht werden.

„Der Naturschutz zerstört die Natur", wurde er nicht müde zu betonen. „Es klingt weise, eine einzigartige Landschaft zu schützen. Sie stellen alle Geldmittel zur Verfügung. Sie bewerben die außerordentliche Schönheit. Jeder will ‚das Beste für die Landschaft‘. Die Politik, die Wirtschaft, die Wissenschaft. Man tut so viel Gutes und alle wollen auch das Gute sehen. Dafür müssen dann Wanderwege verbreitert werden und es braucht selbstverständlich auch Gaststätten. Für all jene, die das Einzigartige und Schöne sehen wollen. Erklärungsschilder werden aufgestellt, und Beobachtungsstationen. Am Ende ist das zu Schützende vor lauter Schutz zerstört."

Eines Tages setzte er sich hin und sammelte seine Botschaften. Er schrieb: „Sie nehmen uns unsere Erde! Große Herren von auswärts teilen uns mit, dass sie über unsere Wälder bestimmen wollen. Aber wie kann man über den Himmel oder den Geruch der Erde bestimmen oder ihn verkaufen wollen? Über die Landschaften der anderen zu befehlen, ist gefühllos.

Wir Menschen sind nicht die Herren über die Reinheit der Luft und das Glitzern des Wassers. Wieso verlangt ihr dies alles nun? Jede Ecke unserer Erde war für unser Volk heilig. Jede einzelne leuchtende Nadel einer Fichte, jeder mit Geröll überdeckte Hang, jeder Holzwurm im Wald, jedes Insekt war heilig in unseren Erinnerungen und den Erfahrungen unseres Volkes. Ihr sperrt unsere alten Wege, so dass wir nicht mehr unsere Landschaft betreten dürfen.

Wir wissen, dass die Menschen von auswärts niemals unser Denken verstehen werden. Ein Teil Erde ist für sie gleich wie jeder andere. Sie sind Fremde, die zu uns kommen und von unserer Erde respektlos alles nehmen, was ihnen in den Sinn kommt. Diese Erde ist nicht ihre Schwester, sondern ihre Feindin.

Begüterte Aristokraten haben unsere letzten einheimischen Bären ausgerottet. Sie mussten durch fremde Bären ersetzt werden. War dies ein Werk ‚weiser und besonnener Leute‘? Ihr erlaubt euch, Straßen und Erdbewegungen in geschützten Gebieten auszuführen. Es gibt nun keine ruhigen Orte mehr in unserer Gegend. Kein Platz, wo man das Rauschen der Blätter im Frühling oder das Rascheln des Flügels eines Insekts hören kann. Welchen Sinn hat unser Leben, wenn ein Mensch nicht mehr die Balz des Auerhahns oder das nächtliche Quaken der Frösche rund um den Tovelsee hören darf?

Bin ich ein Wilder, der nichts versteht? Oder sind eure Seelen stumpf und eure Ohren taub geworden?"

Sein Schreiben ging weiter: „Der Fremdling verunreinigt jene Orte, wo er selbst nicht lebt. Eines nahen Tages, wenn es keine Gämsen mehr gibt und die Saiblinge im See ausgestorben sind, werden auch die verstecktesten Winkel des Waldes vom Gestank erfüllt und der Ausblick auf die Berge wird von Abfällen verunstaltet sein. Wo wird dann noch Wildnis sein? Verschwunden! Wo werden der Adler und der Auerhahn sein? Verschwunden! Wo gibt es dann noch Ehrfurcht vor den Revieren der Tiere? Welchen Sinn hat es, dem Steinhuhn und dem Schneehuhn *Auf Nimmerwiedersehen* zu sagen und dabei gleichzeitig vom ‚Weltnaturerbe' zu reden?

Ich wünsche mir, dass die Vertreter des Volkes jenen Personen den Vorzug geben, die dieses Land lieben und sich dafür einsetzen: den feinsinnigen Beobachtern unserer Landschaften und unserer Berge, den Bewahrern der Hoheit unserer Vorstellungen, unserer Bräuche und Traditionen, unserer Werte. Wenn die Erde unsere ehrlichen Hände spürt, wird sie nie aufhören zu wachsen, zu blühen und Früchte zu tragen."

Er unterzeichnete mit *Ferruccio Valentini, Beobachter der Landschaft*. Dann verteilte er sein Schreiben, das er mit mühsamer Schrift verfasst hatte, an alle, die es haben wollten. Von dem Zeitpunkt an legte er sich den Zusatznamen *Fèro, testimone del territorio*, also *Fèro, Wächter der Landschaft*, zu. Er entschied sich, gegen jene anzukämpfen, die unbekümmert und hemmungslos überall nur Geschäft und Gewinn sahen.

Der alte Mann blieb damit auf sich allein gestellt. Oft genug war er in seinem Leben geknüppelt worden. Aber er hatte sich nie brechen lassen. Gegen sich hatte er zwar die Masse der Menschen, die mit ihren Autos die Natur „erfahren" wollten. Doch ließ er sich davon nicht beeindrucken. Auch davon nicht, dass Geld und Gesetzgeber immer „Recht haben" und es dagegen kaum einen Schutz gibt. Er glaubte immer noch daran, die Haltung der Menschen verändern zu können. Gerade deshalb biederte er sich bei niemandem an, wenn er auch oft genug mit ansehen musste, wie manche Einheimischen wie geprügelte Hunde zu den Politikern krochen.

„Wir brauchen wilde Wälder und keine zahmen. Der Mensch rodet und zwingt den Landschaften seinen Willen auf!", entfuhr es ihm. „Das wilde Land ist das wertvollste. Wo gibt es noch die weiten intakten Landschaften mit ihren Wäldern und Seen, von denen unsere Großväter berichteten? So klein sind sie geworden, dass wir sie gar nicht mehr wahrnehmen. Bald können nur noch Bücher davon berichten."

Und dann fügte er mit kämpferischem Blick hinzu: „Lasst doch der Landschaft mehr Natur und Natürlichkeit. – Gebt der Wildnis das Wilde zurück!"

Der Park wird krank

Es gibt viele Menschen, die vorgeben, tiefe Kenner der Dolomiten zu sein. Sie halten sich für sachverständig, weil sie zahlreiches Wissen aus Büchern oder Filmen aufnahmen. Andere wiederum berichten gern ausführlich von den Haken, die sie in die Felsen schlagen, und von dem „Ausgesetztsein in der Wand". Historiker holen kenntnisreich alle möglichen Daten aus ihrem Fundus und meinen, die Geschichte einer alten Gebirgslandschaft besser als andere verstanden zu haben. Wiederum andere erzählten kundig, welche Geschäfte sie mit den Bergen vorhaben und legen stolz Skizzen und Rentabilitätsrechnungen auf den Tisch.

Ich selbst bin wie Fèro ein Mensch der Berge und habe viel Zeit in der Wildnis verbracht. Mit gutem Gewissen kann ich behaupten, keine Handvoll Leute kennengelernt zu haben, die von sich mit Recht sagen können, sich mit Fèros Naturverständnis messen zu können. Naturwissen zu haben ist dabei das eine. Das andere ist: Ein wegen seiner Haltung, seines aufrechten Geistes Geächteter ist für gewöhnlich weiser als mitlaufende Massenmenschen. Sein Charakter wird umso hochkarätiger, je mehr er für seine Überzeugungen kämpfen muss. Der Preis, den ein solcher Mensch zahlt, ist dennoch hoch. So war es auch bei Fèro.

Dunkle Wolken zogen auf. Die Behörden kontrollierten ihn, wo immer sie konnten. Wie und wann ging er in die Berge? Was suchte er dort? Was fand er? Wie viel nahm er mit? Sie erfanden perfide, in den Augen von Beamten offenbar sinnvolle Bestimmungen, um ihn und auch andere Kräuterleute von der Kräutersuche abzuhalten.

Fèro erzählte: „Anlässlich einer Konferenz in Tuenno sprachen die ‚offiziellen Kämpfer für die Natur' vom Schutz der Tiere im Park. Was hilft es aber, von ‚Naturpark' oder ‚Weltnaturerbe' zu reden, wenn die Tiere *überhaupt* keine Rechte haben? Ich brachte eine Eingabe vor. Ich forderte die Konferenzteilnehmer auf, echte, ehrliche Zählungen durchzuführen. Damit meinte ich vor allem die *Gämsen*. Denn ich wusste: Zwischen 1970 und 1980 fanden sich am Tovelsee noch Rudel von 100 bis 150 Tieren. Dann kamen der Entscheid der UNESCO und in der Folge die Wissenschaftler und ‚Naturschützer'. Sie begannen mit einer Bestandsaufnahme und zählten mehr Gämsen, als in Wahrheit vorhanden waren."

Ich merkte ihm den inneren Aufruhr an. Er fuhr fort: „Es war ihnen darum gegangen, die Statistiken zu beschönigen. Um damit den Abschuss der Gämsen in großer Zahl freizugeben. Die Jägerlobby hatte Erfolg. Heute ist der Park alt und krank. Nicht mehr wild, dafür reglementiert. – In Büroräumen und aus Büchern, die in der stickigen Luft der Städte geschrieben werden, lernen die Wissenschaftler und ‚Naturschützer' vollkommen falsche Anschauungen über das Wesen der Natur auswendig. Der Wille, eine Zeit lang in der Wildnis zu leben, fehlt. So schauen sie in einen selbst polierten Spiegel, dem sie glauben. Doch entspricht das Bild darin nicht der Wirklichkeit, sondern ihrer Einbildung."

Fèro ahnte und spürte, dass das gesamte Gebiet, das gesamte Lebensgefüge von den Umwälzungen betroffen sein würde. Seltsame Veränderungen traten im Toveltal auf. Die meisten Gämsen hatten nur noch ein Gewicht zwischen 27 und 30 Kilogramm anstelle der üblichen 30 bis 50 Kilogramm. Sie wurden überjagt oder starben früh an Krankheiten. Fèro beobachtete immer bedauernswertere Exemplare: mager, mit herausstechenden Skeletten, lahm und krank. Manche konnten kaum noch springen.

Auch anderes fiel ihm auf: „Seit Jahren beobachte ich nach der Zeit der Schneeschmelze am Tovelsee an einem bestimmten Ort, *Cul de Sac* genannt, ganz genau die Fische. Es sind Alpen-Seesaiblinge, Überbleibsel der Eiszeit. Noch vor 20 Jahren kam es mir so vor, als stünde ich vor einer großen Fischzuchtwanne: Tausende von Seesaiblingen schwammen herum. Doch heute muss ich die betrübliche Beobachtung machen: Der Seesaibling im Tovelsee ist dabei, auszusterben."

In der intakten Natur misst das natürliche Gleichgewicht von Stärke und Schwäche allen Tieren ihren Platz zu. Doch wenn der zivilisierte Mensch kommt, kündigte er einseitig diesen ungeschriebenen Naturvertrag und gewährt jenen Lebewesen Vorrechte, die ihm einen Gewinn einbringen. Die Seesaiblinge gehören nicht dazu. Genausowenig wie alte Bäume. Vor wenigen Jahrzehnten wuchsen im Tal noch Bäume mit Persönlichkeit. Sie hatten ein Gesicht und eroberten sich im langsamen, zähen Ringen um das Dasein ihren Platz und ihre einzigartige Ausstrahlung. Dann kam der Mensch, holzte ab und forstete die Wälder nach seinem Gutdünken und nach

Profitkriterien auf. Er nahm den alten Bäumen ihren Platz. Auch wurden immer mehr moderne Ferienhütten am Ufer des Sees gebaut, wie Fremdkörper in der Landschaft.

Fèro, der Waldmensch, forderte von all den selbst ernannten Heilsbringern einer ‚besseren und gerechteren Welt', dass vor allem die von den politischen Stellen eingesetzten Vertreter im *Naturpark Adamello-Brenta* mehr Aufmerksamkeit auf eine sensiblere Rücksichtnahme und Pflege der Landschaft des Weltnaturerbes um den Tovelsee legen. Und dass endlich die nötige Ehrfurcht gezeigt wird, um diesen Ort wirklich so zu bezeichnen.

Fèro, der *Wächter der Landschaft*, wie er nun öfter genannt wurde, fiel mehr und mehr auf.

Kaum war in der Zeitung sein Aufruf erschienen, tat der Direktor des Naturparks, Claudio Ferrari, öffentlich kund: „Der Park ist bei bester Gesundheit!" Er bezichtigte Fèro, ein „vorgeblicher Wächter der Landschaft" zu sein. Der Naturpark und sein Direktor seien von den Behörden legitimierte Autoritäten und deshalb über alle Zweifel erhaben, meinte er.

Immer mehr Menschen empören sich heute über Landwirte, die mit Pestiziden und Herbiziden unser aller Erde vergiften, über Holzfäller, wenn sie uralte Bäume fällen, über Architekten und Handwerker, wenn sie grässliche, seelenlose Bauten in die Gegend setzen. Doch wer empört sich, wenn „irgendwo" die Wildnis zerstört wird? Sie selbst kann es nicht tun. Sie braucht Fürsprecher.

Kämpfer für eine unberührte und unausgebeutete Wildnis haben es schwer. Man drohte Fèro mit Verleumdungsklagen, wenn er nicht aufhöre, weiterhin „die Mitmenschen aufzuwiegeln". Doch er ließ sich nicht beirren. Er mahnte und machte aufmerksam, wo er nur konnte. Von Tag zu Tag mehr. Sein Eigensinn und Trotz sprachen sich herum, über die engeren Grenzen hinaus. Und das trug Früchte:

Es fanden sich plötzlich einige Menschen mit Mut. Sie sprachen sich dafür aus, Fèros Einstellungen zur Natur und seine Überzeugungen nicht von Haus aus zu verdammen. Immerhin.

In Asiago – ein Einblick in die alte Kultur des Zimbrischen

Im norditalienischen Bra wurde im Jahr 1986 *Slowfood* gegründet. Die Bewegung schrieb sich die Verbesserung der Esskultur und eine gemäßigte Lebensgeschwindigkeit auf ihre Fahnen. Schnell breitete sie sich über die Ländergrenzen aus.

„Ich möchte die Geschichte einer Speise kennen. Ich möchte wissen, woher die Nahrung kommt. Ich stelle mir gerne die Hände jener vor, die das, was ich esse, angebaut, verarbeitet und gekocht haben", brachte der Journalist und Soziologe Carlo Petrini, Initiator dieser Bewegung und einer der größten Kenner der europäischen Esskultur, seine Motive auf den Punkt. Rund um seine *Terra Madre* waren es zuerst einige wenige, die große Anstrengungen auf sich nahmen, um fast vergessene Nahrungspflanzen und gesunde Lebensmittel sowie ihre Bedeutung für Kultur wie Natur stärker in den Mittelpunkt der Öffentlichkeit zu stellen.

Eines Tages erreichte den Waldmenschen Fèro die Bitte, er möge etwas von seinen Erfahrungen und seinem Wissen preisgeben, bevor es für alle Zeiten untergehe. Carlo Petrini lud ihn zu einem Kongress nach Asiago ein. Fèro wunderte sich, glaubte er doch, die meisten Zeitgenossen und besonders die „Höhergestellten" setzten eher alles Erdenkliche daran, ihn von seiner traditionellen und authentischen Lebensweise abzuhalten. Gab es also doch noch Menschen, die ein echtes Interesse an seinen Suchgängen in die Wildnis, an seinen Kenntnissen hatten?

Mit viel Liebe bereitete er eine Sammlung all der für ihn wichtigen Pflanzen vor, um sie zur Schau zu stellen. Sein ganzes Wissen floss ein. Er presste Blätter und Blüten und schrieb auf, wofür sie nützlich sind, wofür sie über Jahrhunderte hinweg in Gebrauch waren. Er packte sogar alte Kräuterbücher ein sowie Werkzeuge und Geräte früherer Zeiten, mit denen damals die Wirkstoffe aus den Pflanzen gewonnen wurden. Dann machte er sich – schwer bepackt – auf nach Asiago.

Vor nicht allzu langer Zeit wurde auf dieser Hochfläche – mit ihren sieben Gemeinden – eine uralte Mundart, das Zimbrische, gesprochen. Heute wird mit dieser alten Sprache sowie den typischen schlichten Alpenhäusern in den Prospekten geworben, um Touristen mit der Aura des Traditionellen und Gewachsenen anzulocken. In Wahrheit haben die Urbewohner längst ihre alten Häuser gegen Wohnblöcke eingetauscht. Nun residieren für wenige Tage des Jahres im Erbe der alten Siedler bleichgesichtige Banker oder Rechtsanwälte. An hohen Feiertagen werden Einheimische dazu animiert, einem gaffenden Publikum die früheren Bräuche vorzuführen. Dann zwängen sie sich in die alten Trachten und springen und hüpfen unter Applaus – dressierten Tieren gleich – durch die Gassen und Straßen. Die übrige Zeit dienen sie als unterbezahlte Arbeiter fremden Herren.

Doch gibt es noch immer Relikte des traditionellen zimbrischen Lebens in Asiago. Fèro kennt seit vielen Jahren eine Familie, in der das alte Wissen noch lebendig ist. Sein Freund Antonio Cantele lebt mit den Seinen abgelegen am Waldrand. Tochter Lisa begleitet den Vater regelmäßig in die Natur. Am Wiesenhang hinter seinem Haus hat Antonio einen reichhaltigen Kräutergarten angelegt. Die ganze Familie tut alles, um die Bewohner von Asiago von der Wichtigkeit einer gewachsenen Lebensweise zu überzeugen. Runzelig – ähnlich wie die schwer zu bearbeitende Scholle – sind Antonios Hände. Er

2_1 Fèro auf einer seiner vielen einsamen Wanderungen, die ihn auf die Berge rund um den Tovelsee führen. Durch seine feine, ein lebenlang trainierte Beobachtungsgabe liest er in der Natur wie in einem Buch.

2_2 Massive Zerstörungen unter dem Deckmantel des „Fortschritts" im Naturpark *Brenta*-Dolomiten. Schweres Gerät reißt sichtbare und bleibende Wunden in die einstmals unberührte Natur.

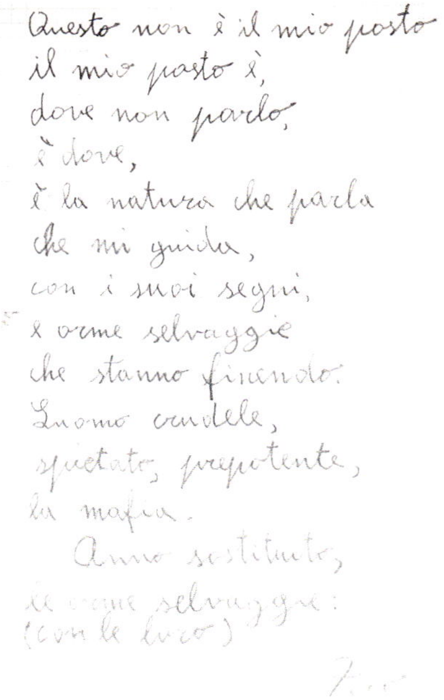

Questo non è il mio posto
il mio posto è,
dove non parlo,
è dove,
è la natura che parla
che mi guida,
con i suoi segni,
e orme selvaggie
che stanno finendo.
L'uomo candele,
spietato, prepotente,
la mafia.
Anno sostituito,
le orme selvaggie:
(con le luce)

2_3 »Das hier ist nicht meine Heimat! Meine Heimat ist dort, wo nicht ich rede. Wo die Natur es für mich tut!« Der beharrliche Kritiker der rücksichtslosen Ausbeutung bringt seine Gedanken auf Papier. Auf Vorträgen erreicht er jene, die hören wollen …

2_4 Die Geschichte und Geschichten seiner Heimat leben in Fèro. Sie führen ihn zu Visionen und prägen seine naturverbundene Lebensart.

2_5 Antonio Cantele aus Asiago: der profunde Kräuterkenner beim Sammeln von Isländisch Moos. Die Flechte dient als nahrhaftes Kraut für Brot oder als Vorspeise.

2_6 Fèro als etwas unsicher wirkender Besucher der Ewigen Stadt Rom. Immer wieder ist er auch in der Zivilisation der Städte unterwegs. Doch muss er dort feststellen: „Das hier ist nicht meine Welt."

2_7 Die Öffentlichkeit wird auf den störrischen Mann vom Tovelsee aufmerksam. Fèro liest einen Zeitungsbericht über sich – und ist gefragter Kräuterexperte auf einer Konferenz in Asiago.

2_8 Michael Wachtler und Fèro im *Val Nana*. Es bildet ein ausgedehntes natürliches „Amphitheater" oberhalb des Tovelsees. Bekannt ist diese einzigartige Landschaft vor allem wegen des Reichtums an Blumen und urzeitlicher Fossilien.

zeigt sie stolz herum und sie erwecken bei Großstadtbewohnern mit ihren zarten Händchen regelmäßig Bewunderung.

Die Canteles sind wohl die Letzten, die sich Sorgen um ihre fast ausgestorbene Sprache, das Zimbrische, machen. In den sieben Gemeinden gibt es keine andere Familie, die ein profunderes Wissen über die Vorfahren und die Verbindung mit der Natur hat.

Gemeinsam gingen Fèro und Antonio in die Wälder. Fèro fragte Antonio nach der Bedeutung der verschiedensten Pflanzen. Antonio war in seiner Welt. Er zögerte nicht, die Antworten kamen prompt. Pflanzen bedeuten ihm alles. Fèro staunte immer wieder, dass in anderen Gebieten ganz andere Pflanzen für das Leben und Überleben wichtig waren als in seinen heimatlichen Gefilden. Asiago ist etwa zwei Stunden Fahrzeit vom Tovelsee entfernt, das Klima dort ist sehr ähnlich.

Die ausgetrockneten Wälder dort waren voll von Isländisch Moos. Antonio bezeichnete es als *Rakh bor de hùsta*, als *Hustenkraut*. Es sei so genügsam, dass es viele Jahre ohne Regen auskommen könne. „Welche Menschen kommen heute noch mit der Tugend der Genügsamkeit oder Einfachheit aus?", meinte er fragend. Manchmal nannte er die Flechte auch *Erba della miseria*, das *Kraut der Armseligkeit*, da es in Hungerzeiten die Ernährung der notleidenden Bevölkerung sicherstellte. Darüber hinaus dient es auch als schleimlösendes Mittel bei Hustenanfällen.

Dann suchte Antonio nach dem sich stark verästelnden Ruprechtskraut, das er zur Desinfizierung von Wunden verwendet. Viele von uns hätten es wohl nötig – für die vielen Wunden des modernen Lebens. Er war es auch gewohnt, geschickt nach der stechenden Silber-Distel zu greifen. „Gäbe es doch nur genügend ‚stechende' und aufrüttelnde Menschen! Die Menschheit würde sich seelisch und in ihrer Verbindung zur Natur weiterentwickeln", bemerkte er. Antonio erklärte weiter: „Die Silber-Distel beruhigt die Nerven und stärkt die

Harnblase." Die jungen Blütenköpfe befreite er mit eingespielten Handgriffen von ihren harten und dornigen Hüllen. Er nahm sie mit nach Hause. Beträufelt mit einigen Tropfen Öl und Essig, gibt er sie in den Salat. Die gemeinsame Suche und der intensive Gedankenaustausch waren eine Bereicherung für Fèro. Seele wie Geist wurden genährt. Eine gute Basis für den Kongress mit den renommierten Fachleuten in Asiago.

Mit viel Liebe und Freude richtete er eine Auswahl seiner Pflanzen und gab bereitwillig jedem Interessierten seine Erkenntnisse preis. Fast sah es so aus, als hätte ein Kräuterweiser des Mittelalters all das aufgebaut. Da lagen vergilbte Bücher neben Herbarblättern, alte Schriften neben getrockneten Wurzeln und Blüten, alte Mörser standen neben Fläschchen mit Tinkturen. Trotz der Fülle wirkte alles sauber und ordentlich. Als die ersten honorigen Herren hereinspaziert kamen, zeigten sie sich freudig überrascht, wie viel Neues man noch entdecken könne – obwohl das meiste bereits seit Jahrhunderten bekannt ist und nur in Vergessenheit geraten war.

Bekannte Filmregisseure wie Ermanno Olmi und bedeutende Koryphäen, die gern öffentlich für eine Verbesserung unserer Lebensweise eintreten, strömten in immer größerer Zahl in den Saal. Fèro staunte über die Eingeladenen. Besonders überrascht war er, als er später in der größten italienischen Tageszeitung *Corriere della Sera* ein großformatiges Bild von sich abgedruckt sah.

Zur Eröffnung des Kongresses sprach Carlo Petrini, sich für eine bessere Esskultur einsetzend, wortgewandt vor dem zahlreichen Publikum. Am Ende seiner Rede bat er Fèro auf die Bühne und ersuchte ihn, „doch bitte zwei Worte" an die hochkarätigen Nadelstreifenträger zu richten. Fèro trat in seinem naturfarbenen Gewand, für alle als „ehrlicher und unverfälschter Mann der Wildnis" erkennbar, auf die Bühne. Er eröffnete Carlo Petrini, dass er allerdings „drei Worte" brauchen würde.

„Natur ist alles", sprach er. Dann trat er schweigend ab.

Einigen der Zuhörer erschien ein solcher Satz offenbar als zu wenig ausführend, im Grunde als nichtssagend. Doch die meisten der Anwesenden und unter ihnen alle, die sich ernsthaft ein Leben lang mit der Verbesserung unserer Ernährung befasst hatten, nickten wohlwollend. Der Applaus ließ nicht auf sich warten – und wurde umso stärker, insofern Fèros Worte ganz authentisch und lebendig mit seiner Ausstrahlung und mit der Wirkung seiner Exponate verbunden waren. Er erzählte jedem Interessierten auf seine ganz persönliche und äußerst bescheidene Art von seinem Leben in der Wildnis.

Als Fèro schließlich das Gebäude verließ und durch die Fußgängerzone von Asiago schritt, drehten sich die Leute nach ihm um. Sein Aussehen – Haare und Bart schmückten ihn wie Flechten – und die Wahl seiner Kleidung – die Hose hatte die Farbe einer Borke, seine Jacke glich dem Moos des Waldes – erregten große Aufmerksamkeit. Es gab nicht wenige, die mit aufgeplusterten Jacken und Hosen teurer Modehäuser bemüht eine ebensolche Wirkung zu erreichen suchten. Welches Motiv steckt wohl hinter einer solchen Attitüde? Und wie sieht es im Inneren solcher Menschen aus?

Fèro kannte diese Eindrücke. Er ließ sie entspannt hinter sich – und trat zufrieden seine Rückreise an.

Die Macht verantwortungsloser Beamter

Mit zunehmendem Bekanntheitsgrad des merkwürdigen Waldmenschen vom Toveltal schien auch die Anzahl seiner Gegner zuzunehmen. Zumindest innerhalb jener Gruppe von Zeitgenossen, die in

Fèro ein großes und ernst zu nehmendes Hindernis für ihre Pläne sahen. Derweil wurden weitere Straßen in allen Dolomiten-Naturparks gebaut. Breite Wege zogen sich immer tiefer in die unberührte Wildnis. Gleichzeitig wurden die Vertreter der Behörden nicht müde, immer wieder gebetsmühlenartig zu betonen, dass die Straßen im Sinne eines besseren Naturverständnisses notwendig seien und der „Allgemeinheit" dienlich.

All dies grämte Fèro. Doch er hatte seinen inneren Lebensweg gefunden und sich entschieden. Mochten sie ihm Strafen androhen, gar von Gefängnis reden, ihn gezielt an den Rand der Gesellschaft stellen – von Tag zu Tag dehnte er seine Wanderungen immer weiter aus. Unentwegt versuchte er damit anschaulich zu zeigen und zu erklären, dass das Gehen die schnellste Art ist, um zu einem „freien Platz in der Natur" zu gelangen. Wie auch zu einem freien Platz im eigenen Inneren.

Er brachte, wo immer er es sinnvoll fand, seine Botschaften und sein Anliegen vor. Er trat vor die höchsten Stellen. Viele wollten ihn zwar nicht hören, andere öffneten erst gar nicht die Tür. Doch er ließ sich nicht beirren und blieb auf seinem Weg. Konnte er endlich vorsprechen, war so manch einer überrascht, wie mutig Fèro war. Sie dachten oftmals, er denke vielleicht edel, doch letztlich nur zum eigenen Vorteil, und er sei ein Betrüger. Doch da sie trotz aller Befragungen und Bestrebungen an seinem Verhalten nichts Verbrecherisches entdecken konnten, ließen sie sich immerhin auf das Zugeständnis ein, dass es wohl kein einziges menschliches Wesen gäbe, das den staatlichen Institutionen gegenüber ohne „Schuld und Tadel" wäre. Welcher Geist spricht wohl aus einer solchen gönnerhaften Haltung?

Fèro erzählte mir: „Als ich eines Tages nach Hause an den See wollte – die Straße war schneebedeckt –, sah ich ein Auto auf mich zukommen. Ich stellte mich an den Wegrand, um es vorbeizulassen. Das

Auto hielt an. Ohne auszusteigen, fragten mich die Insassen, wohin ich wolle. Ich antwortete: ‚Nach Hause.' Dann meinten sie tatsächlich, das sei in der Art und Weise, wie ich unterwegs war, viel zu gefährlich – und darum verboten. Einige Tage später stellte mir der Postbote einen Strafbescheid zu. Mit dem Hinweis, ich sei zwar der einzige Bewohner am Tovelsee, was aber noch lange nicht bedeute, dass man mir erlaube, dorthin zu gelangen."

Es handelte sich um eine Geldstrafe. Sogar die Zeitung berichtete darüber. Fèro zeigte mir einen vergilbten Artikel des *L'Adige*. *Violare la legge per andare a casa* stand da als Überschrift – *Gesetze brechen, um nach Hause zu gelangen*. Vertreter eines Amtes entschieden also, es sei zu gefährlich, einem Einzelnen den Gang durch die unberechenbare Wildnis zuzumuten. Das Argument war, eine „Gesellschaft" habe das Recht, alles Erdenkliche zum Wohl der Bürger zu tun. Fèro hatte es nun amtlich. Es ward ihm, dem einzigen Anwohner am Tovelsee, nicht mehr erlaubt, in sein Haus zurückzukehren. Der Wohnsitz blieb ihm zwar, aber offiziell durfte er nicht mehr hin. Das amtliche Verbot blieb bestehen, sosehr er sich auch um eine Revidierung bemühte.

Welche Wahl hatte er nun? Die Beamten zwangen ihn förmlich, zum Gesetzesbrecher zu werden. Fèro hatte als freier Mann der so genannten Zivilisation entsagt, um in der Wildnis des Toveltales den Rest seines Lebens zu verbringen. Doch leben wir heute in einer Zeit, in der eine solche Lebensweise als Gefahr für die Gesellschaft eingeschätzt wird.

Gibt es noch Zeitgenossen, die mit gesundem Menschenverstand nachvollziehen können, was das eigentlich bedeutet? Als ob all die wirklich gesundheitsschädlichen Umweltgifte, der allerorten präsente und gnadenlose Konsumzwang, die aufreibende Hektik der Städte nicht unermesslich höhere Gefahren bedeuteten als die Begegnung mit wilden Tieren, unvorhersehbare Naturschauspiele oder das

Abenteuer eines Ganges in die Natur. Bei seinem Nachhauseweg war Fèro alleiniger Herr seiner Verantwortung – in den Städten dagegen sind wir alle Sklaven eines von politischen und konsumgetriebenen „Entscheidungsträgern" inszenierten Schicksals. Ob wir uns das bewusst machen oder nicht, ist eine andere Frage. Derartige Überlegungen bewegten Fèro wie mich immer mehr.

Ist es heute noch möglich, ein eigenständiges Verantwortungsbewusstsein aufzubauen? Junge Menschen gehen, oft von großen Bildern und Abenteuern träumend, in die Natur. Ihr Interesse wird ganz natürlich von einem Tier, einer Pflanze oder einem Stein in den Bann gezogen. Je mehr ihnen die angeborene Neugierde genommen wird, je mehr sie dazu erzogen werden, unhinterfragt menschengemachte Gesetze zu befolgen, desto mehr schwinden Spieltrieb und Abenteuerlust. Irgendwann resigniert die Seele der meisten – sie werden zu „normalen Bürgern". Die wenigsten trotzen dem und erheben sich über das Normale, das Mittelmaß heraus.

Fèro war Zeuge, wie diese Haltung von Bürokratie und Amtsdenken mehr und mehr einzog, bis in die letzten Winkel. Überall wurden Tafeln aufgestellt. Um zu verbieten: das Sammeln, das Suchen, das Entdecken – letztlich auch das Denken.

Er brachte es auf den Punkt: „Die Natur wird verboten!"

Wir waren uns einig: Schlimmere Zeiten hat es wohl noch nie gegeben. Jedes Jahr werden neue Gesetze gemacht, um den Menschen den Zugang zur Natur zu erschweren. In diesem bürokratisch reglementierenden „Sinn" war Fèro eine Gefahr für die Allgemeinheit. Gleichzeitig sprossen überall Spielhallen aus dem Boden. Gewiefte Lobbyisten zogen werbewirksam an einem Strang, so dass die „Vergnügungstempel" vom Jugendlichen bis zum Familienvater möglichst oft besucht wurden.

„Wir leben in bösen Zeiten", spürte Fèro dem Zeitgeist nach – oder dem Zeit*un*geist.

Was weiß „der Staat" vom Glück des Heidelbeerpflückers, vom Geschmack süßer wilder Himbeeren, von der Freude des Pilzesammlers vor dem Steinpilz, vom inneren Lächeln beim Finden einer versteinerten Muschel. Das sind für „den Staat" keine Werte. Er interessiert sich nicht dafür. Keine Lottoziehung kommt an solche Erfahrungen und Erlebnisse heran. Kein Rubbellos verursacht annähernd so viel Herzschlag. Kein Wettspiel bietet die gleiche Spannung.

Fèro, der freie Mann, war mit seiner Halsstarrigkeit – die manchen als Verrücktheit galt – der Einzige, der für diese menschlichen Grundwerte eintrat.

Er dachte zurück: „Wo versteckten sich alle, als man vor einigen Jahren die Straße durch die *Gola* bauen wollte? Das hätte zu einem ökologischen Gemetzel im schönsten Wald des Toveltales, der Case so vieler wunderbarer und einzigartiger Tiere, geführt. Wo versteckten sich alle, als rund um den Tovelsee die gesamte Landschaft verändert und ein künstlicher Wanderweg gebaut wurde, der nichts mit ursprünglicher Natur gemein hat? Diese ‚Politik der vollendeten Tatsachen' verstößt gegen meinen Willen – und gegen den Willen all jener, die Respekt vor der Wildnis haben."

Fèro war wahrhaft der einzige, einsame *Wächter der Landschaft*. Er beachtete all die Verbote und Schikanen nicht und lebte weiterhin in seinem Haus am Tovelsee.

Der Vordenker und Vorfühler Pater Atanasio

Kein Buch von bekannten Größen aus dem Wirtschaftsleben hatte zu Hause bei Fèro Platz gefunden. Dafür waren seine Regale mit Werken über Philosophie, Mythen und Lebensratgebern voll.

„Bücher sind unsere Großväter und Großmütter", wusste er und kramte *Piante ed Erbe Medicinali della nostra regione Tridentina*

(Heilpflanzen und Kräuter aus unserer Tridentiner Region) von Pater Atanasio da Grauno aus seiner verstaubten Bibliothek. 1931 war das Werk erschienen.

Margherita Pallaoro hatte uns an ihrer Zeit teilnehmen lassen. Antonio Cantele an seiner Zeit. Nun erzählte Pater Atanasio da Grauno, obwohl schon lange verstorben, von seiner Art der Suche nach Kräutern und einem naturgemäßen Leben und wurde uns wie ein enger Freund. Wir lebten uns in Atanasios Geschichte ein, so wie wir jene der alten Margherita vor Augen hatten und die Geschichten vieler anderer – Lebender wie Verstorbener.

Zeitzeugen berichten über ihn, dass er jedes Kraut kannte. Erst mit über 50 Jahren hatte sich der Kapuzinerpater reif genug dafür gefühlt, sich an der Universität von Padua einzuschreiben. So saß der langbärtige Mann in einer Reihe mit jungen Studenten und lauschte voller Anspannung dem, was gelehrt wurde. Er verglich es mit dem, was er selbst in der Natur erfahren hatte. Eifrig machte er sich Notizen. Er fragte klug nach, ohne sich in den Vordergrund zu drängen.

Gereicht es nicht jedem naturwissenschaftlich interessierten Studenten zum Vorteil, zuerst eigene praktische Erfahrung zu sammeln, um sich auf dieser Grundlage später in die Schriften der anderen einzulesen? Wäre der Geist dann nicht viel freier, der Verstand viel weniger beeinflusst – und beeinflussbar?

„Es reicht nicht aus, Pflanzen, Tiere und Steine zu studieren, um sie zu verstehen", meinte Fèro und ergänzte: „Ein einfacher Bauer ist Kenner der Natur, ein echter Wissenschaftler ebenso. Beide sollten sich mit Respekt begegnen."

Von der Stadt Trient zog es Pater Atanasio in das nie mehr als einige Dutzend Familien zählende Dörfchen *Terzolas* im *Val di Sole*. Das Tiefland mit all seiner Gier, der Kaufwut, dem Schmutz ließ er leichten Herzens zurück. Die Stadt, so kam es ihm schon damals vor, gibt nichts, sondern ist ein Ort des Nehmens, des Verwaltens und Verkaufens. Das Land dagegen dient den Städtern. Die Bauern liefern beispielsweise Obst und Gemüse, die Waldarbeiter fällen Bäume für Häuser und Möbel, mit dem wilden Wasser der Gebirgsbäche wird Strom produziert. Theater und Museen, Verwaltungssitze für Beamte und Regierungsgebäude entstehen auf dieser Grundlage. Ebenso die Fabriken und Werkhallen mit ihren großen Kaminschloten und giftigen Abwässern.

Abseits der Wirren und Kriege durchstreifte er die Natur, um Gott zu finden. Erst im Alter glaubte er in naturverbundener Bescheidenheit, Erkenntnisse gefunden zu haben, die für die Menschen wertvoll sein könnten. Er schrieb bereits vor über 80 Jahren: „Die Nervosität ist die vorherrschende Krankheit unserer Zeit." Und weiter: „Es gibt kaum noch einen Menschen, der eine innere Ruhe in sich trägt. Die Familie besteht aus nervösen Eltern und nervösen Kindern. Die Lehrer in der Schule verlangen zu viel Wissen, und sehr oft trichtern sie den Schülern Unnützes ein. Nicht zuletzt sind es die allgemeinen Lebensbedingungen selbst, die den jungen Menschen Stress und Hektik bringen."

Heute ist das eigentlich Schlimme, dass mittlerweile das Hässliche und Lärmende zur Normalität geworden sind, die kaum mehr ein Mensch hinterfragt: Unsere Landschaften verkommen zu Lusttempeln und Plätzen, die einem antrainierten Kaufrausch dienen. Die Menschen hören von Australien bis Alaska die gleiche sinn- und seelenleere Musik. Sie lassen sich von in der Öffentlichkeit stehenden und gut geschulten Phrasendreschern geistig vernebeln, genauso wie vom meist hohlen Buchstabengemisch der Medien. Ihre Konversationen sind auf den Augenblick aufgebaut und selten auf die Ewigkeit. Gespräche sind das schon lange keine mehr – dafür umso mehr banale Unterhaltung. Die Natur erscheint den meisten als bloßes Fernsehbild oder als Kulisse für egoistische Vergnügungen.

„Die Vergnügungen bis tief in die Nacht, lärmende Musik, das Radio, das Kino, die Maschinen, das Auto, ohrenbetäubende Motoren, all diese modernen Apparaturen erschüttern verhängnisvoll die Nerven", notierte Atanasio weiter und stellte sich die Kernfrage jedes freien und die Natur liebenden Menschen: „Was dagegen tun?" Das überlegte er bereits im Jahr 1931 – in einer Zeit, als viele Maschinen erst am Anfang ihres Siegeszuges standen und die Computertechnologie noch gar nicht erfunden war.

„Die erste Behandlung für die Nervösen ist, was Gott selbst dem Kreatürlichen auftrug: Arbeite tagsüber und schone dich nachts." Und weiter: „Keine Pflanze hat je Selbstmord unternommen, mit den Tieren verhält es sich genauso. Der Mensch muss also aus eigenem Antrieb einen Irrweg beschritten haben." Pater Atanasio legte, wie Fèro, Wert auf einfache Worte. „Geht hinaus in die frische Luft, vor allem in die stillen Wälder, mit unbedecktem Haupt."

Die Berggebiete sind auch heute noch Zufluchtsorte für geschändete Seelen – wie auch für Gämsen, Schneehühner und Murmeltiere, für den Salamander und die Aspisviper. „Werde jeder Adler oder Steinbock! Übe sich jeder als Bergwanderer und nicht als Bürositzer", schlug Atanasio vor.

Fèro war mit diesen Ansichten einverstanden.

Und weiter notierte der Gottesmann: „Wenn du, der du meine Zeilen liest, zu überreizt und nervös bist, um Schlaf zu finden, dann gehe in die Berge, suche einen Hirten. Iss, trink und schlaf bei ihm, ohne dich um das Lesen oder Schreiben zu sorgen. Nimm ihn in all seiner Lebensweise zu deinem Beispiel und du erlangst deine ursprüngliche Gesundheit wieder." An das glaubte Atanasio und so schrieb er es für die Nachwelt, für uns nieder.

Fèro fügte hinzu: „Wir können ruhig mit dem einen oder anderen Menschen nicht konform gehen. Schlimmer ist es, nicht mit dem eigenen Leben respektvoll umzugehen. Menschen folgen Gewohnheiten und lassen sich leicht verführen. Sie glauben, dem wieder leicht zu entrinnen und werden doch wie von Würgeschlangen festgehalten."

Irgendwann kam die Zeit, da dachten einige in neuen Dimensionen. Sie überlegten, welch ein Gewinn ein Mann wie Fèro für den Tourismus bringen könnte. Sie sprachen ihn an und meinten, wie nutzlos doch sein edles Genie in den Wäldern verpuffte. Sie planten, dass er interessierten Fremden seine Naturweisheit vermitteln oder ihnen die Kräuter erklären könne.

Fèros Antwort auf ihre Nachfragen war eindeutig: „Solange ich lebe, werde ich Kräuter suchen. Aber es sollen nicht mehr sein, als ich selbst benötige. Ich werde mich auch nie zum Sklaven der Gesellschaft machen. Ein bezahlter Lehrender bin ich nicht."

Ihm war klar, um was es jenen ging, die sich ihm anbiederten: „Die Leute denken, man kann einen vorzeigbaren Professor aus mir machen, wenn man meine gegerbte Haut und den Duft der Natur von mir schabt."

Er ließ sich nicht zu einem „aufgewärmten" zweiten Pater Atanasio inszenieren.

Das Büchlein des *Frate delle erbe*, des *Kräuterpaters*, verkaufte sich früher gut. Im Antiquariat kann man es noch erstehen. Für einen Nachdruck sei das Interesse aber heute zu gering, erklärten mir einige Buchkenner. Vor einigen Jahren gab es noch Leute, die über das Leben vergangener Zeiten Bescheid wussten und daran Interesse hatten. Sie sind allesamt verstorben. In der Vergangenheit hätte ihr Wissen ausgereicht, um zu Mythen zu werden. Lebensgeschichten wie jene des Paters werden heute größtenteils als lächerlich abgetan. Aber vielleicht sind sie in Wahrheit Quellen des Heils – die wir heute mehr denn je brauchen, um wieder gesund zu werden.

Das Baumblut der Lärche

Wieder einmal zog es uns durch das Dickicht der Wälder am Tovelsee. Fèro wollte mir die alte Kunst vorführen, mit der unsere Ahnen Lärchenpech gewannen. Er trug ein seltsames Rohr bei sich. Auf dem Weg erzählte er mir von seinem Vater Guerino, der mit der Kraft der Kräuter die Hoftiere heilte. Guerino war ursprünglich wie Fèro ein Mensch der Natur und der Kräuter. Doch mit dem Einzug der Technik wendete er sich davon immer mehr ab. Fèro hatte das Bild seines Vaters vor Augen. Er trug mir mit versonnenem Blick auf, den Glauben und das Erfahrungswissen unserer Vorfahren ernst zu nehmen.

Ich betrachtete den Naturweisen Fèro verstohlen von der Seite. An irgendjemanden erinnerte er mich. Verwundert stellte ich fest, wie ähnlich sein Antlitz und der volle Bart einem Porträt in seinem Haus waren. Es zeigt den berühmten Arzt Pietro Andrea Mattioli. 1577 hatte ihn die Pest im benachbarten Trient dahingerafft. Doch er überdauerte das Vergessen der Zeit mithilfe seines 1544 erschienenen Werkes *Commentarii in sex libros Pedacii Dioscoridis Anazarbei de medica materia*, seinen *Sechs Büchern des Dioskurides über die Medizin*, in denen er auf die überlieferten Kenntnisse des alten griechischen Arztes Dioskurides verweist. Der berühmte Grieche hatte das Wissen seiner Großväter und Urgroßmütter zusammengetragen. So wie diese es wiederum von ihren Vorfahren überliefert bekommen hatten.

In den Chroniken ist überliefert, dass Mattioli oft die Wälder am Tovelsee und die Hochfläche des *Val Nana* erwanderte – auf der Suche nach den inneren Geheimnissen der Pflanzen. Als *mala aurea*, also *goldenen Apfel*, bezeichnete er die eben aus der Neuen Welt eingeführte Tomate. Der gelehrte Arzt und Botaniker stand mit anderen Naturphilosophen in regem Austausch und Briefwechsel. Über einen Baum, der „das Wort *Ross* als Beinamen hat, weil diese Baumart erkrankten Pferden, besonders bei Husten und Wurmkrankheiten,

Erleichterung verschafft", wurde der berühmte Universalgelehrte von Willem Quackelbeen in Kenntnis gesetzt. Mattioli nannte den Baum *Rosskastanie*, lateinisch *Aesculus hippocastanum.*

Auf seinen Spuren wanderten wir also dahin und entdeckten dabei immer Neues, so als wollte das Wissen dieser Erde nie enden. Und war es auch nur das Innere einer unscheinbaren Blüte oder die fast unbegreifliche, wunderschöne Spiralanordnung der Schuppen auf dem Zapfen eines Nadelbaumes. Nichts scheint verloren zu gehen. Irgendwo tritt Vergessenes wieder zutage und versucht, unsere Neugierde zu erwecken. In Gedanken verloren, bewegten wir uns auf eine mächtige Lärche zu.

Fèro blickte auf die alte Baumpersönlichkeit und brummte: „Ein frisch geöffneter Baum gibt viel Pech. Dann verschließt er sich wieder von allein."

Dann setzte er das Rohr am Stamm an, etwa einen halben Meter über dem Erdboden. Der Stamm war von ihm schon früher angebohrt worden. Das Lärchenpech floss langsam durch das Rohr in ein daruntergehaltenes Einmachglas. Wie oft schon hatte ihm dieser Baum gedient und bereitwillig etwas von seinem Baumblut abgegeben? Ich spürte: Die beiden waren auf das Innigste verbunden.

Fèro erklärte mir, wie er aus dem Harz der Lärche eine Salbe herstellt, die er bei Hautverletzungen und Rissen in den Händen einsetzt. Er erhitzt dafür das Pech mit Bienenwachs, fügt Öl des Johanniskrauts hinzu – und schwört darauf, dass diese Heilsalbe bisher noch allen Leuten Linderung gebracht hat.

„Das Rezept ist uralt", meinte er.

Auch in der Abgeschiedenheit ließ ihn das Thema nicht los, wie wir die Natur schützen können. In Gesellschaft der alten Bäume, in Gedanken verbunden mit Mattioli, mit dem wir als „Schatten" tief durch die Zeiten gewandelt waren, sagte er als „Heilrezept" für uns

Heutige und die, die nach uns kommen: „Lasst uns Wirtschaft *mit* der Natur betreiben und nicht *gegen* sie. Beobachtet die Wälder, wie sie einst waren, und belasst sie so. Macht aus den Plantagen wieder ursprüngliche Wiesen und lernt aus ihrer Reichhaltigkeit wahre Reichtümer gewinnen. Sie stehen zu euren Diensten. Das Wilde ist fruchtbar, die gute Erde ertragreich."

Ich spürte, wie sehr ihm das Wohlergehen der Natur, der Mutter Erde am Herzen lag: „Wir nehmen uns von der Natur. Was geben wir ihr zurück?", meinte er immer wieder. Ich hatte keine Antwort.

Bei *Reitia*, der Mutter Natur

Eines Tages starteten wir von Tuenno nach Revò, dann weiter Richtung Tregiovo. Wir wanderten „ziellos", ließen uns führen – so wie im Leben, wenn man sich wünscht, durch Zufall etwas Besonderes zu erleben. Der *Monte Ozol*, der wie ein riesiger Balkon das Tal überragt, zog uns an.

In Tregiovo erfuhren wir von einem Einheimischen, dass der *Ozol* im Jahr 1321 zum ersten Mal als *Roche Ozuli* erwähnt wurde. Dieser Berg war seit Jahrtausenden ein Kultplatz. Als Beweis dafür dienen dort aufgefundene Bronzefiguren der Göttin *Reitia* – lokaler Name für die Mutter Natur – sowie Hirschknochen mit geheimnisvollen rätischen Inschriften.

Im Gipfelbereich, auf über 1500 Höhenmetern und inmitten von Haselnusssträuchern und Buchen, liegt ein außergewöhnlicher Aussichtspunkt, *Ciaslir* genannt. Von dort aus erlebt man wie nur an wenigen anderen Punkten die großflächige Weite des Nonstales mit seinen gigantischen Obsthainen. Man kann oft nicht bis zu ihrem Ende blicken. Kilometerlang werden sie von Hagelschutznetzen überdeckt. Dazwischen liegen einige alte Dörfer, die heute von großen Fabrikhallen flankiert werden. Im Hintergrund erspäht der Gipfelwanderer die Berge der *Brenta*-Dolomiten und die majestätischen Gletscher der *Presanella*. Alles Menschliche scheint von hier aus betrachtet klein zu sein.

Ein Heimatkundiger erklärte uns: „Wir haben viele Entdeckungen Maestro Renato Perini zu verdanken. Er war einfacher Lehrer von Beruf." Der Mann hielt uns einen alten Artikel aus dem *L'Adige* vor die Augen. Dort war mit einigen Zeilen seine Biographie beschrieben. Perini interessierte sich offenbar mehr als jeder andere für die Geschichte des Tales. Selbst seinen Schülern trug er auf: „Ich gebe euch für jede Schularbeit zehn Minuten. Keine einzige mehr, das reicht." Die Beschäftigung mit heimatlicher Geschichte hielt er dagegen für umso wichtiger. Dafür genehmigte er seinen Schülern jede Zeit der Welt.

„Suchen wir unsere Urgroßväter!", war ein Lebensspruch Fèros. Lehrer Perini nahm das bereits damals wörtlich. Er suchte zusammen mit seinen Schülern nach ihren Spuren. Sein ganzes Leben lang. So lange, bis er ihre Geschichte über Jahrtausende hinweg kennengelernt hatte. Er fand Tonscherben aus längst vergangener Zeit, alte Kupfermünzen, römische Fibeln, mittelalterliche Geräte – und alle Artefakte sprachen zu ihm, erzählten ihm irgendeine Begebenheit.

Nicht daheim in den italienischen Alpen, sondern an der deutschsprachigen Universität Innsbruck hängten sie ihm dafür die Ehrendoktorwürde um. Erst als er 81 Jahre alt war, fanden sie es in seiner Heimat für wert, ihn zu würdigen. Er, vom Leben durch die verschiedensten Gebrechen gezeichnet, schleppte sich vor die versammelte Schar der Honoratioren: „Mir genügen zwei Worte", sprach er gerührt. „Danke – danke!" Und später, im engsten Kreis: „Ich hätte nie geglaubt, einmal so viele Freunde zu haben."

Manche Haltungen sind zeitlos: Dem weise Gewordenen genügen wenige Worte.

Auch Féro war kein Mann der großen Worte. Er, dem man aufgrund seines vollen Bartes seine wahre Gesichtsregung niemals ansah, stand wie eine aufrechte Lärche zwischen den Menschen. Wurde er manchmal auf seine Befindlichkeit angesprochen, erwiderte er unbestimmt und murmelte etwas Unbedeutendes. Es war, als hätte man ein scheues Tier der Wildnis aufgeschreckt. Welch ein Gegensatz zum Wortschwall der meisten anderen Anwesenden. Wenn allerdings der Schutz der Natur das Thema war, kamen Fèros geistreiche Beredsamkeit und sein Tiefgang hervor.

„Das größte Grauen ist mit unserer Gleichgültigkeit und unserem Schweigen verbunden, wenn es um die wahren Lebensthemen geht. Ihr seid ihrer so viele, die den Sport in den Zeitungen verfolgen. Ihr kennt jedes Zuspiel und jedes Tor der Fußballer. Ihr kennt jede Stadt zwischen dem Meer und den Bergen. Was ihr aber nicht kennt, ist die Erde unter euren Füßen."

Wenn ihn etwas besonders beschäftigte oder er sich ungerecht behandelt fühlte, setzte er sich abends zu Tisch, suchte irgendetwas zu schreiben, und war es auch bloß ein dicker Pappkarton, und brachte dann – gewöhnlich mit Bleistift – seine klaren und entlarvenden Gedanken zu Papier. Zahllose Papierstreifen und Kartons hatte er auf diese Weise beschrieben.

„Die Feinde des Naturparks sind jene, die ohne Kenntnis und mit fehlendem Respekt der Landschaft gegenüber auftreten. Es sind jene, die die Natur nicht einmal auf Postkarten erkennen."

Als ich einmal anmerkte, dass es für uns alle wichtig sei, wenn er seine zerstreut herumliegenden Blätter ordnen und sammeln würde, erwiderte er „Oh ja" – und zog eines hervor, das schon ziemlich vergilbt war. Er konnte sich nicht mehr daran erinnern, wie viele seiner Aufschriebe er schon anderen Leuten zu lesen gegeben hatte.

„Ein Naturpark, der in Symbiose mit der Natur und mit Achtung geführt wird, vereint uns alle und trägt Früchte."

Manchmal grübelte er auch über Rechtsfragen. Er erzählte mir von einem Freund, der Anwalt ist und ihn ohne Honorar verteidigt. Er rechnete das diesem Mann sehr hoch an. Dennoch war er der Meinung, dass der beste Anwalt immer noch das eigene reine Gewissen sei. Diese Einstellung regte mich zum Denken an. Von solchen Menschen und ihren freien Gedankenzügen konnte ich viel lernen. Fèros Trachten galt stets der Freiheit und der Wildnis.

„Ich bin erstaunt, dass die Beamten in den Behörden nicht imstande sind, zu verstehen und zu begreifen, dass unsere Erde, die mit dem Schweiß und der Opferbereitschaft unserer Ahnen bewahrt wurde, heute geschändet wird. Sie sehen nicht, was wir uns und unseren Kinder nehmen. Wir leben in einer verlorenen Gesellschaft: Kinder können sich noch an Kleinigkeiten entzücken, Erwachsene nur noch an Geschäften."

Fast flehte er: „Lasst uns doch wieder zur Jugend zurückkehren, als unsere Wälder voller Geheimnisse waren. Lasst uns doch sehen und fühlen lernen. Dann können wir wieder das Verschwundene ans Tageslicht holen."

Seine Mahnungen und Lebensweisheiten stießen auch immer wieder auf offene Ohren. Fèro nahm sich unendlich viel Zeit für jeden Einzelnen, der ihn ansprach und darum bat, ihm seine Sicht auf die Natur zu erklären. Einen ganzen Tag lang konnte er dann ganz geduldig und einfühlsam nur für den anderen da sein. Nicht nur er, auch seine Wohnung war wie ein bereitwillig und liebevoll geöffnetes Buch, aus dem man bei echtem Interesse Seiten und Blätter herausnehmen konnte. In seiner Großmut und seiner Hilfsbereitschaft ging es ihm immer um die Sache.

„Schneide mit der Schere dieses Blatt aus. Hänge es in einem Bilderrahmen auf, und jedes Mal, wenn du es siehst, werden deine Gedanken zu einer echten Lebensfrage geführt."

Im Reich der Flechten

An einem Tag lenkten wir unsere ganze Aufmerksamkeit auf die Vielzahl der Flechten, die wir bisher gänzlich unbeachtet gelassen hatten. Zu oft hatte uns der blühende Gelbe Enzian oder der Pfiff der Murmeltiere in den Bann gezogen. Erst wenn wir diese kleinen Lebensformen mit ruhigem Blick betrachten, beginnen wir sie zu sehen und zu lieben. Sie werden uns wertvoll.

Auf silikatreichen Felsen klebt die leuchtend gelbgrüne Landkartenflechte *Rhizocarpon geographicum*. Wenn der Blick in sie eintaucht, scheint es, als erzähle ihr Formen- und Farbenspiel von einstmals untergegangenen Landschaften. Bis in die Polarzonen hat sie sich verbreitet – welch Beispiel für ursprüngliche Lebenskraft und ein Verbundensein mit den Kräften der Natur. Allein die Umweltverschmutzung setzt ihr merklich zu.

Strauchflechten wie *Ramalina farinacea* finden sich auf den uralten Bäumen zuhauf. Man muss für alles erst ein Auge bekommen, dachte ich. Die Lungenflechte *Lobaria pulmonaria* wurde früher bei Erkrankungen der Atemorgane verwendet. Schon Mattioli rühmte ihre heilenden Fähigkeiten. Zwischen den Kalkfelsen machen sich Krustenflechten wie *Squamarina gypsacea* breit. Sie verwächst so eng mit den Felsen, dass man es nicht schafft, sie loszulösen, ohne sie vollkommen zu zerbröseln.

Immer tiefer tauchten wir in diese geheimnisvolle Welt ein, in das Reich der Flechten. Unsere Wahrnehmung veränderte sich. Mit einem Mal nahmen wir die ganze Mannigfaltigkeit wahr – und die so einzigartige Lebensweise. Wie sie scheinbar bedürfnislos die Jahrtausende überdauern. Es soll in den Alpen sogar Flechten geben, die das Ende des Eismenschen am *Similaun* miterlebten. Noch wächst in den Wäldern der Gewöhnliche Baumbart *Usnea filipendula*. Seine Usninsäuren gelten seit Urzeiten als natürliches Antibiotikum. Wie lange können wir noch von dieser Heilkraft zehren? Der Baumbart ist äußerst sensibel. Er braucht eine saubere Umwelt.

Flechten sind Doppellebewesen: Algen leben in vollkommener Gemeinschaft mit Pilzen. Erst in dieser Symbiose können sie gedeihen, entsteht der neue Organismus, den wir dann eben *Flechte* nennen. Aus den Städten und Dörfern mussten sich die meisten von ihnen zurückziehen, zu sehr vergiftet wurden Wasser und Luft. Da half ihnen auch ihr Alter von fast einer Milliarde Jahren nichts. Die hübschen und stillen Zwitterwesen wurden zu zeitlosen Kameraden für uns. Wir nahmen ihr Wesen tief in uns auf. Mit einem Mal kamen uns die Wälder rundherum ganz urzeitlich vor, als seien sie nicht von dieser Welt. Bis zu vierzig Zentimeter lange graugrüne Bärte hingen zu Hunderten, nein zu Tausenden von den Ästen und verknüpften unsere Erinnerungen mit ihrer unsichtbaren Seele. Überall roch es farnig, flechtig. Unter den uralten Lärchen und Fichten unternahm jeder von uns weite Reisen. Fèro schlüpfte in andere Welten und Erfahrungen als ich. Wie in einem unsichtbaren Strudel zog es uns in die Tiefe des Ortes, in längst vergangene Schichten der Landschaft. Seltsame, urzeitlich wirkende Gedanken und Bilder taten sich auf, wie wir sie vorher noch nie wahrgenommen hatten.

Wir waren eins mit der Stille, eins mit den Bäumen und Flechten, eins mit der Natur wie mit uns selbst – und eins mit der Zeit.

Aufbruch in das Land jenseits der Zeit

Wo der Raum zu Zeit wird

Je mehr wir gemeinsam unterwegs waren und voneinander lernten, desto mehr wünschten wir uns, unsere Landschaft als den zeitlosen Ozean kennenzulernen, von dem Dichter oder Philosophen schreiben. Wir erleben immer nur einen Teil von ihm, doch ist er der Boden der Welt. Wir begannen, noch aufmerksamer als zuvor in die Berge und Täler der Dolomiten hineinzuwandern. Wir genossen das Menschenrecht, unsere Lebenszeit in scheinbarer Nutzlosigkeit mit Ausflügen in die Berge zu verbringen.

So kamen wir in das Städtchen Cles. Von hier aus liegt Trient etwa 33 Kilometer, Bozen 27 Kilometer entfernt. In dieser Region begegnen sich zwei verschiedene Sprachen, das Italienische und das Deutsche. Die Entfernung zu Rom beträgt 509 Kilometer, nach Hamburg sind es 818, zum Nordkap 2876 Kilometer. Im kleinsten Raum stehend, mitten in den Alpen, sind wir durch unsichtbare Fäden mit allem verbunden.

Uns wurde immer deutlicher: Im Raum liegt die Zeit verborgen. Nur einen halben Meter unter uns beginnt die *Terra incognita*, das *Neuland*, das in keiner Karte verzeichnet ist. In diese Welt gibt es keinen ausgebauten Weg, keine Zugverbindung. Auch gibt kein Reiseführer die Richtung vor.

Zu einer echten Reise kann sich nur derjenige rüsten, der ohne Vorurteile, aber dafür mit Offenheit und dem Sinn nach Abenteuer in neue Länder aufbricht. Es sollte ihm leichtfallen, dem bisher Gewohnten zu entsagen, um Lebewesen wie Landschaften aus ganz neuen Blickwinkeln kennenzulernen.

„Was kaum einer kennt, ist die Erde unter unseren Füßen", meinte Fèro. „Wer versucht, die Oberfläche zu verlassen, um in die Tiefe zu gelangen, wird zu einem Wanderer zwischen den Zeiten."

„Wie können wir das anstellen?", fragte ich ihn.

„Ich weiß es nicht", erklärte er. „Die Wahrscheinlichkeit zu scheitern ist groß. Oft reicht die Kreativität des Geistes nicht aus. Aber lass es uns probieren."

Unsere Phantasie wurde durch das gemeinsame Erlebnis mit den Flechten angeregt. Wir schmiedeten Pläne und entwarfen innere Bilder. Wir kämpften uns durch Gletscher und Eiszeiten vor, gelangten an die Gestade von Meeren, die kein Lebender außer uns gesehen hat und kennt. Von dort aus drangen wir durch tropische Urwälder mit Baumfarnen und Riesenschachtelhalmen, um dann wieder neue Strände zu erreichen, die mit Korallen bedeckt sind. Wir hofften, wilde Saurier und Reptilien zu erblicken und andere unbekannte Echsen, vielleicht sogar Meerestiere, die keine menschliche Phantasie jemals erschaffen könnte.

Fèro ermunterte mich: „Lass uns völlig unbekannte Welten erleben und die bekannten außer Acht lassen. Es kann sein, dass wir anfänglich noch Hitze und Kälte spüren, den Tag und die Nacht unterscheiden. Doch bald wird sich alles verflüchtigen und zur Gewohnheit werden."

Wir ließen die größten italienischen Druckereien und riesige Obstmagazine hinter uns und wandten uns dem Dörfchen Revò zu. Von dort ging es in Richtung des Weilers Tregiovo. An der übergroßen steinernen Brücke, die das Bächlein *Le Fraine* überquert, machten wir Halt. Obwohl erst vor wenigen Jahren gebaut, nagt bereits Rost an den Säulen. Streusalze fressen sich in den Beton, überall bröckelt das Mauerwerk. Der Bau ist der Wildnis nicht gewachsen. Ganz anders die Gesteine des Hanges mit seinen grau-schwarzen Felsen, die aus der Vegetation hervorragen. Aus früheren Erfahrungen wusste ich: Derartige Schichten können unversehrte, Jahrmillionen alte Geheimnisse verbergen.

Wir stiegen direkt an der Brücke den Hang hinunter. In den nur zentimeterdicken Gesteinslagen hatte die Zeit hier einen Teil ihrer Entwicklung abgelegt. Wir brachen einige Schichten frei.

„Jahrmillionen", erklärte ich.

„Wahnsinn", meinte er.

„Was meinst du damit?", fragte ich geistesabwesend.

„Die Zeit."

„Die Zeit … die Zeit … die Zeit", murmelte ich leise vor mich hin.

Ein unangenehmer Geruch lag in der Luft. Die Bewohner der kleinen Ortschaft Tregiovo entsorgen noch immer über das *Le-Fraine*-Bächlein ihre Kloaken. Es wird von Jahr zu Jahr schlimmer. Der üble Geruch wich nicht von unserer Seite. Wenn ich meine Hand auf einen der glitschigen Steine am Hang legte, drehte es mir fast den Magen um. Die weit überspannende Brücke dient den Bewohnern des Nonstales auch dazu, ihre überflüssig gewordenen Haustiere in die Tiefe zu werfen, wo sie auf den Steinen zerschellen. Manche Hunde trugen um ihre skelettierten Schädel noch jene Ketten, an die sie ein Leben lang gefesselt waren; mancher Katze sah man den Todeskampf an. Einem Dachs waren die Hinterläufe von einem Auto überfahren worden und sein letzter Sprung über die Brückenbrüstung mag ihm die Erlösung gebracht haben.

Überall lagen angebrochene Plastiksäcke mit allerlei Müll. Manche Menschen fanden es nicht für wert, für ihren Unrat eine Entsorgungsgebühr zu leisten. Ich sah alte Plastikpuppen, halb verrottete Hemden und Hosen, eine Unzahl nie verwesender Plastikteile.

Gleichzeitig spielte über uns die Sonne. Ein dichtes Dach aus den Blättern und Nadeln der Bäume bewegte sich im lauen Wind und ließ ab und zu wärmende Sonnenstrahlen hindurch. Doch meist verdunkelten Schatten die Stellen, an die wir uns heranarbeiteten. Schicht um Schicht hatten sich graue Formationen abgelagert.

„Das ist im Stein konservierte Zeit", bemerkte ich.

Fèro griff wie zufällig nach einer Steinplatte und hielt sie sich vor das Gesicht. Ein sonderbar geformtes Blatt hob sich ab. Da ich schon sehr oft auf meinen Wanderungen durch die Alpen Gesteine auf eingelagerte Fossilien untersucht hatte, besaß ich einige Erfahrung.

„Ein urzeitliches Ginkgoblatt. Hunderte Millionen Jahre alt", meinte ich. Fèro konnte es nicht glauben. Er blickte mich fassungslos und begeistert an. Ein seltsames Fieber erfasste ihn. Er löste Platte um Platte und betrachtete mit größtem Interesse jede einzelne auf Spuren ihrer Vergangenheit. Manch eine legte er zur Seite. Andere hielt er mir vor die Nase.

„Ein Vorläufer der Araukarien", wusste ich. Er staunte. Und später: „Ein urzeitlicher Schachtelhalm."

Aus den Ritzen in den Felsen zwängten sich Mauer-Streifenfarne heraus. Im Innern der Felsen waren ihre versteinerten Vorfahren verborgen. Fèro freute sich bei jeder Entdeckung. Es gab so viel Unbekanntes für ihn. Das Herausarbeiten der Abdrücke aus den Felsschichten bereitete ihm Mühe, besonders da er sich sehr anstrengte, sie unversehrt zu bergen. Er verletzte sich dabei immer wieder – es interessierte ihn nicht. Eine Platte nach der anderen legte er frei.

Wir bemühten uns gemeinsam, anhand einzelner Blattabdrücke auf das Aussehen der gesamten Pflanze zu schließen. Auch auf ihre Verwandten, andere vergesellschaftete Gewächse, das Klima, die Erde, den Kosmos … Unsere Freude über das gemeinsame pionierartige Erlebnis war groß. Unsere Entdeckerlust war geweckt.

Wir begannen, uns in das Zeitlose hineinzubewegen.

Die Kugeln der Schamanen

Der bedürfnislose alte Mann, der so eng mit seiner Heimat und der Wildnis verbunden ist, kam die nächsten Tage immer wieder allein an diesen Ort. Er setzte seinen Pickel unentwegt an den Schichten der Jahrmillionen an. Behutsam legte er die entdeckten Schätze ins Moos. Abends hatte er so viele Abdrücke gefunden, dass er nur die auffälligsten und am besten erhaltenen in seinen Rucksack packen konnte. Er schleppte sie in sein Heim und betrachtete die Fundstücke bis tief in die Nacht hinein. Eigenartigerweise fand er in keinem seiner Bücher die gefundenen Fossilien als Pflanze beschrieben. Er wunderte sich darüber.

Jede der Steinplatten wurde für ihn zu einem die Zeit beschreibenden Buch, jedes Stück Fels zu einem Kunstwerk. Er hatte fossilisierte Urwaldpflanzen in Hülle und Fülle gefunden. Bei den meisten handelte es sich um bisher unbekannte Arten, wie wir später herausfanden. Zwischen seinen Platten lagen auch einige runde Kugeln, die wie Planetenkörper aussahen.

Als ich ihn wieder einmal besuchte, nahm Fèro einen dieser von der Natur rund geformten Stein in die Hand. Er hatte das Aussehen einer Kugel, doch an den Außenrändern gab es seltsame Riefen. „Eine Laune der Natur", meinte ich vorschnell.

Er zeigte mir eine zweite, dann eine dritte Kugel. „Die Natur ist nie launenhaft", war seine Antwort.

Ich musste seiner Weisheit zustimmen. Die seltsamen Steine schienen nach bestimmten Regeln oder Gesetzen gebildet worden zu sein. Fèro schlug eine der Kugeln auseinander. Sie sah wie chiffriert aus, so als enthielte sie geheime Botschaften. Wir staunten. Es war uns, als drangen wir in mystische Welten jenseits der Zeit vor.

„In Amerika gibt es ein Indianervolk, das solchen Kugeln besondere Eigenschaften zuspricht. Sie nennen sie *Moqui-Marbles* oder *Steine der Schamanen*", wusste ich. „Die Indianer kennen männliche und weibliche." Fèro nickte zustimmend – und lernte schnell, bei seinen Kugeln die „Geschlechter" zu unterscheiden.

„Amerika und Europa haben sich vereint", meinte er bald. Eine Unzahl von Schamanenkugeln füllte sein Haus. Eine jede mit anderen Zeichen.

Seltsame Wandlungen gingen in Fèro vor. Er entdeckte durch die Erfahrung mit den Schamanensteinen überall in der Natur Geschriebenes. Chiffren, die ihm bisher nie so aufgefallen waren und ihm wie Botschaften aus anderen Zeiten und Welten vorkamen: die Jahresringe der Bäume, sich langsam im Lauf der Jahreszeiten verändernde Pflanzenformen, Fährten von Tieren, Schichten in den Felsen, Symbole auf Gesteinen. Überall stieß er auf eingeritzte, gepinselte, gezeichnete Schriftzeichen der Natur. Er zeigte mir die Kratzspuren eines Bären im Toveltal, den er einmal beobachtet hatte, und Zeichenmuster auf der Blüte einer Türkenbund-Lilie. Hatte nicht auch damals der Lehrer Renato Perini am *Monte Ozol* bei der Kultstätte aus der Zeit der alten Räter neben den bronzenen Muttergöttinnen auch sonderbare, nicht zu entziffernde Schriften entdeckt? „Geheimnis über Geheimnis. In einer Kugel, die ich mit der Diamantsäge zerteilt habe, war im Innern mit winzigsten Kristallen die Nummer *1141* hineingeschrieben", tat Fèro einem Journalisten kund. Bildhaft, mitreißend und voller Offenheit erzählte er – so als wolle er die anderen auffordern, ihre eigene Beobachtungsgabe zu schärfen.

Alle Texte der menschlichen Kultur sind jung, gemessen an der Vielzahl der von anderen Lebensformen in die Zeit hineingeschriebenen. Der Löwenmensch aus Mammut-Elfenbein vom Hohlenstein-Stadel im deutschen Lonetal soll vor etwa 35 000 Jahren geschnitzt worden sein. Die ältesten Werkzeuge der Menschheit wurden vor drei Millionen geschaffen. Doch die „nicht menschlichen" Symbole sind bereits Hunderte Jahrmillionen alt. Was sind Dante, Cervantes, Goethe, Voltaire gegen die Vielzahl lehrender Manuskripte auf einem Grashalm, im Schlamm, im Stein – oft vor Urzeiten geschrieben? Die Schriften der Natur bedürfen keines Übersetzers, sondern einzig und allein staunender Betrachter und Leser.

Fèro drängte es, tief greifender als andere lesen zu lernen. Er hungerte förmlich danach, mehr über sich als Mensch und den Flecken Erde zu erfahren, der seine Heimat war. Es zog ihn noch mehr als bisher auf Wanderschaft. Die Kreise wurden größer und größer: in die Weite wie in die Tiefe. Ich staunte von Tag zu Tag mehr über diesen einfachen Mann. Durch nichts mehr ließ er sich beirren – seine Begeisterung riss mich mit.

Manchmal kehrte er mit abgenutzter Kleidung und blutenden Händen in die Zivilisation zurück und gönnte sich Gesellschaft und Wein oder hörte einfach den Leuten zu: dass sie zu wenig verdienten, dass alles so furchtbar teuer sei, dass die Regierung alles falsch mache. All diese Themen waren kurzlebig und wurden endlos wiederholt. Das Gerede und endlose Plappern war nicht Fèros Welt. Wie weit entfernt fühlte er sich davon!

Manch einer suchte gerade wegen Fèros Andersartigkeit, in Kontakt mit ihm zu kommen. Als wir eines Tages in Tavon in *Brunos Restaurant* saßen, tauchten Leute vom Fernsehen auf. Sie waren beauftragt worden, die Parolen eines regionalen Politikers festzuhalten. Fèro hatte einige Schamanenkugeln dabei.

„Habt ihr gesehen, was Fèro gefunden hat?", rief einer der Anwesenden. Alle drängten ihn danach, seine Entdeckung der Allgemeinheit zugänglich zu machen.

„Das sind die Steine der Schamanen", erklärte er feierlich.

„Welche Bewandtnis hat es mit ihnen?", fragten sie ihn mit glühender Neugierde.

„Sie tragen besondere Eigenschaften in sich", war seine Antwort.

Alle starrten ihn an. Sie wollten an seiner Weisheit teilhaben. Fèro wurde wie eine bekannte Autorität gefilmt und aufgefordert, seine Geheimnisse und jene der Kugeln preiszugeben. Die Sprüche des Staatsmannes waren in diesem Moment nicht mehr wichtig.

„Die Kugeln vereinen Vergangenheit und Gegenwart", meinte Fèro.

Zwar fanden die wenigsten einen wirklichen Zugang zu seinen Beobachtungen und Erkenntnissen, doch begeisterte er noch lange die um ihn versammelte Runde mit seinen Ansichten und den seltsamen urzeitlichen Gebilden. Besonders die anwesenden Frauen setzten einiges daran, eine der magischen Kugeln als Geschenk zu bekommen. Sie streichelten die Steine der Schamanen, als wären sie Gold, und bemühten sich darum, ihre geheimnisvollen Kräfte in sich aufzunehmen.

In den Zeitungen und im Fernsehen folgten Berichte über Fèros Schamanenkugeln. Sie erregten große Aufmerksamkeit.

Des Naturraubes bezichtigt

„Es handelt sich um Phantasiegebilde", äußerte sich Dr. Marco Avanzini, der Kustos des *Museo Tridentino di Scienze Naturali* am 14. Oktober 2011 in der lokalen Tageszeitung *L'Adige*. Und weiter: „Ich habe die Gegend Handbreit um Handbreit abgesucht." Er wies darauf hin, wie viele hochkarätige Wissenschaftler schon in dieser Gegend geforscht hatten. Ganz abgesehen davon, dass die Entdeckungen Ferruccio Valentinis gegenüber vielen anderen naturkundlichen Sensationen landesweit unwichtig seien.

„Ihr lernt an Universitäten, ich dagegen in der Natur", beharrte Fèro sanftmütig. „Hört auf die Hirten und Wildnismenschen. Sie stehen nicht tiefer als der Universitätsprofessor."

Mochten sie ihn auch öffentlich verspotten. Die Jahrzehnte in der Wildnis hatten ihn genug geprägt und gestärkt, um sein Wissen über die Natur nicht als minder bewerten zu lassen. Wie konnten andere, die die Wildnis einzig von ihren Bürofenstern aus betrachten, darüber eine qualifizierte Meinung abgeben? Er hatte die Schamanensteine mit gleicher Begeisterung und mit geschultem Blick gesammelt wie die Heidelbeeren, die Pilze oder den Milchlattich.

„Anthropologen haben entdeckt, dass sich die Altvorderen eine für uns heute kaum zu begreifende Natursensibilität angeeignet haben", machte Fèro einem ihn besonders bedrängenden Journalisten klar. „Es ist gut, sich neuen Dingen gegenüber wie ein unbedarftes Kind zu nähern. Nicht mit dem Geist eines Greises, der denkt, bereits alles zu wissen."

Je mehr Fèro von einstigen Naturparadiesen und Räumen jenseits des Zeitenstromes sprach, je deutlicher zum Ausdruck kam, dass seine Funde für ihn wertvoller als Gold und Edelstein sind, als desto eigenartiger und verrückter wurde er angesehen. Obwohl es auch Menschen gab, die darüber nachzudenken begannen, ob er nicht doch wirkliche Schätze gefunden hatte – und die meisten anderen dafür keine Wahrnehmung mehr besaßen. Für die Mehrheit blieb es aber unverständlich, dass ein alter Mann fast täglich zu Fuß einen viele Kilometer langen Weg auf sich nahm, um den ganzen Tag nichts anderes zu tun, als Steine zu spalten. Weil er jenen gegenüber, die neugierig nachfragten, betonte, sein einziger Antrieb sei, mehr Wissen über die Vergangenheit – auch seine eigene – zu erhalten, taten ihn die einen als Narren, die anderen sogar als Gauner ab. Fanden sie doch in ihrem eigenen Umfeld niemanden, der ohne Zwang die Mühsal des Steinebrechens auf sich nahm.

Irgendwann sahen sich wieder die Vertreter staatlicher Kontrollorgane aufgerufen, nach dem Rechten zu sehen. Die zuständigen Beamten fanden tatsächlich diesen Mann, Fèro, wie er einsam und bei klirrender Kälte Steinplatten spaltete. Wo sie aufgrund ihrer antrainierten Gedanken über Gewinn und Geld sogar eine Suche nach Gold vermuteten, zeigte er ihnen stattdessen mit kindhafter Begeisterung nur die Abdrücke prähistorischer Zeiten im grauen Fels.

„Habt ihr niemals von der Wichtigkeit von Tregiovo gehört?“, fragte er sie.

„Tregiovo?“ Sie schauten ihn verwundert an und mussten passen.

„Seht ihr! Oft liegen wichtige Dinge in der Unauffälligkeit.“

Ob sie diese Antwort verstanden, sei dahingestellt. Sie beharrten stattdessen mit der manchen Beamten eigenen Bestimmtheit und einem gewissen latenten Misstrauen auf der Frage, ob das, was er fände, von Wert sei. Sie meinten damit, ob sich damit Geld verdienen ließe. Fèro erwiderte, dass ihm seine Entdeckungen und Erkenntnisse durchaus wertvoll seien.

„Was hier geschieht, verletzt also doch Gesetze“, erkannten sie. Ein Rattenschwanz von möglichen Gesetzesübertretungen wurde ihm aufgezählt. Fèro schüttelte nur den Kopf.

Als die Beamten sahen, dass sich der alte Mann nicht einmal durch die schärfsten Drohungen davon abhalten ließ, weiterhin Felsplatten zu brechen – und weil dieses merkwürdige Verhalten in ihren Augen umso mehr ihre Vermutung bestätigte, dass er etwas suchte, das wertvoll wie Gold sein musste –, wandten sie sich an die zuständigen Fachautoritäten. Ihre Hoffnung war, dass mithilfe der Wissenschaftler die Hintergründe des verbrecherischen Plans endlich aufgedeckt werden könnten. Es dauerte nicht lange, da begehrte ein Tross von Museumsdirektoren und anderen Kapazitäten Einlass in Fèros Haus.

„Kommt ihr als Freunde oder als Feinde?", fragte er sie unverblümt.

Verdutzt blickten sie sich an. Sie retteten sich in ihrer Unsicherheit ob dieser einfachen wie ehrlichen Frage in sicheres Terrain und pochten auf ihre unhinterfragbare Fachautorität. Aufgrund ihres Studiums an verschiedenen Eliteuniversitäten – damit verbanden sie unvergleichliche Erfahrung und unerreichtes Wissen – seien sie autorisiert, ihn belehren zu können. Er habe ja bisher nur in den Wäldern seine Zeit verbracht.

„Ihr setzt also wissenschaftliches Studium mit echtem Wissen gleich?", fragte Fèro.

Darauf gingen sie nicht ein. Sie betonten dagegen, dass es in ihrer Macht stünde, ihn der Strafjustiz zu übergeben. Gleichzeitig gaben sie vor, im Sinne von Gerechtigkeit und Staatsräson zu handeln, während er aus niederen Instinkten heraus handele. Mit psychologischem Druck versuchten sie, die Motive seines unüblichen Verhaltens aufzudecken. Irgendwann fragten sie ihn eindringlich und ganz direkt, ob Geld der Antrieb seines Verhaltens sei. Fèro verneinte.

„Ehre und Ruhm also!", argwöhnten sie. „Also doch Ichsucht!"

„Ihr seid gut bezahlte Abgesandte dieses Staates", wandte dagegen Fèro gelassen ein.

Sie kamen nicht weiter. Da ihnen Fèros Wesen immer unerklärlicher wurde, versuchten sie anhand der Gegenstände im Haus und vor allem der überall aufgestellten Steinplatten und sogar der aufgehängten Kräuterbüschel herauszufinden, welche Triebkraft hinter diesem sonderbaren Lebensinhalt steckte, der in keiner Weise der Mehrheit der Masse entsprach. Als sie bemerkten, wie herzlich er sich an seinen Pflanzen und Steinen erfreuen konnte und wie er ihnen voller Hingabe das Wesen der Natur erklärte, waren sie mit ihrem Latein am Ende. Verwundert nahmen sie das seltsame Interesse des Waldmenschen, sich tagein, tagaus in vergangene Zeiten hineinzuarbeiten, zur Kenntnis. Sie zogen ihre eigenen Schlüsse: Vielleicht war ja irgendeine Krankheit oder Demenz die Ursache für all das.

Möglicherweise aus diesem gut erklärbaren Grund, letztlich aus einer gewissen noblen Rücksicht und wohl auch aus Mitleid, schenkte schließlich die versammelte Riege der Forscher Fèros lauteren Motiven Glauben. In ihren Augen hatte er ein ganzes Jahr umsonst damit verbracht, bei Tregiovo nach Fossilien zu suchen. In seinen eigenen Augen war es eine wunderbare Zeit: War er doch tief in das Wesen der Steine eingedrungen.

Trotz allem blieb ein gewisses Misstrauen bestehen. Das ging so weit, dass sie ihn nach Tregiovo zu den Felsschichten begleiteten, um sich zu vergewissern, ob er nicht doch etwas verschwiegen hatte. Eine Frage ließ sie nicht los: Wer wird schon aus freien Stücken zum Steinespalter, wenn nicht in irgendeiner Weise Geschäfte zu erwarten sind?

An der besagten Stelle angekommen, erklärte ihnen Fèro frank und frei in seinen einfachen Worten, dass solche Felsen sehr zum wahren Studium der Natur geeignet seien. Um in ihr Wesen vorzudringen, müsse man sich nur in die Schamanenkugeln und Versteinerungen hineinversetzen, in sie hineinlesen.

„Der Gewinn dabei hält ein Leben lang", meinte er mit offenem Blick.

Bereitwillig beschenkte er die Kapazitäten mit seinem Naturwissen, das über Jahrzehnte hinweg gewachsen war: „Das Kennenlernen eines Steines gehört zum Schwierigsten überhaupt", sagte er. Wie lange musste er manchmal jede einzelne Platte wenden und drehen, daheim wieder und wieder betrachten, bis sie ihm schließlich die Details ihres Innenlebens preisgab.

Nun versuchten auch die Wissenschaftler, mit ihrem Werkzeug in das Innere der Felsen zu gelangen. Sie bemühten sich redlich und waren überzeugt, dem Berg anhand ihrer Studien und Vorkenntnisse rasch seine Geheimnisse zu entreißen. Fèro saß daneben und beobachtete ihr Tun aufmerksam. Die ihm zugedachte Rolle war die des Lernenden, des Schülers. Er sprach kein Wort und ließ die Akademiker gewähren.

Einige Stunden vergingen. Dann gaben die Ersten auf. Höflich fragte Fèro, ob ihm jemand Werkzeug borgen könne. Er prüfte aufmerksam und bedächtig die Felswände. Dann begann er, so zu arbeiten, wie er es sich angeeignet hatte. Sorgsam betrachtete er zunächst jede Steinplatte, nahm von der ein oder anderen vorsichtig eine millimeterdünne Schicht ab. Er enthüllte die im Stein geborgenen Botschaften voller Hingabe und mit sicherer Hand. Dann brach er einige Platten auf. Die ersten Pflanzen, Farne, Koniferen, Schachtelhalme kamen ans Tageslicht. Daneben auch Schamanensteine, die man mittlerweile *Fèros Kugeln* nannte. Befreit von den sie umgebenden Felsschichten, die sie über Jahrmillionen gebettet hatten, kullerten sie fast aus dem Gestein heraus.

Das erregte doch einige Zustimmung. Fèro freute sich über die spontanen Dankesbezeugungen und Bestätigungen, die er bekam. In diesem Moment schienen sich auf ganz natürliche Weise die Rollen von Schüler und Professoren zu vertauschen.

Da die Wissenschaftler und Museumsleute meinten, nun genug Erfahrung gesammelt zu haben, um alles zu verstehen, verabschiedeten sie sich. Zu schnell, als dass Fèro ihnen weiter über seine Erfahrungen mit dem Wesen der Steine und dem Wesen der Zeit hätte berichten können. Es zog sie wieder in ihre Städte zurück. Bevor sie verschwanden, gaben sie mit salbungsvoller Miene zum Ausdruck, dass es nur ihrer grenzenlosen Nachsicht zu verdanken sei, dass sie ihn nicht bestraften.

Fèro dachte sich: „Ist es nicht auch eine Form von Strafe, ein Leben in engen stickigen Büros fristen zu müssen? – Was bringt uns ein Museum mit seinen Fragmenten, im Vergleich mit den Möglichkeiten in den schier unendlichen Landschaften der freien Natur?"

Die Koryphäen traten die Rückreise an. Am nächsten Morgen saß Ferruccio Valentini wieder mutterseelenallein bei Tregiovo und spaltete bis spätabends die Felsplatten. Er arbeitete in vollkommener Freiheit und absoluter Verbindung mit sich selbst – bewegt und genährt von unendlicher Neugierde und seelenfüllender Freude.

Unterwegs in den Ozeanen der Urzeit

Wenn die Sonne untergeht, beginnen die Felsen der Dolomiten zu brennen. Die Bewohner der Berge kennen das. In den Prospekten für die Touristen wird fleißig mit *Enrosadira* geworben. In solchen Augenblicken scheint es, als brächen urzeitliche Lavaströme hervor, die die blanken Felsen mit einer alles zerstörenden Glutmasse bedecken. In den Prospekten liest man von der „Magie und Einzigartigkeit der Dolomiten".

Fèros Gedanken kreisten um „seine" Berge: Sie entstanden vor 300, vor 200, vor 100 Millionen Jahren – manche erst vor 10 000 Jahren, also „gestern". Wie relativ sind die Zeit und das Leben! Er wusste, dass es schwierig ist, in die Vergangenheit zu wandern, ohne seinen Geist gelöst zu haben. Zu viele Verpflichtungen im Kopf hindern daran. Es ist nicht leicht, den Alltag abzuschütteln. Die Berge stehen gewichtiger in der Landschaft als wir Menschen. Doch was wissen wir überhaupt von ihnen?

Wieder einmal waren wir gemeinsam unterwegs. Vor uns öffnete sich die *Bletterbach*-Schlucht. Sie gilt als eine der wildesten Schluchten Europas. Zwischen Aldein und Radein vollbringt der *Bletterbach* sein die Landschaft gestaltendes Werk. In wenigen Tausend Jahren trug der wilde Bergbach Milliarden Tonnen Gestein auf zwölf Kilometer Länge und über einen Höhenunterschied von 2000 Metern ab. Durch sein Werk legte er Schicht um Schicht eine uralte, vergangene Welt frei. Eindrucksvoll wechseln die Farbnuancen der Gesteine im Lauf der Jahreszeiten. Immer wieder offenbart die Natur neue geheimnisvolle Erscheinungen, das Licht trägt das seine dazu bei. Überall kann der feinsinnige Beobachter versteinerte Trittspuren urzeitlicher Echsen und Reptilien entdecken. Für den Phantasiebegabten erwecken sie den Eindruck, als befände man sich in unmittelbarer Nähe längst ausgestorbener Pareiasaurier und Cinodonten.

Wir erkannten, dass unsere Wanderungen in den Dolomiten weit mehr bedeuten, als wir dachten. All die Felsrisse und Gräben, die Schluchten und Schründe, den *Bletterbach*, die *Monzoni*-Berge, den *Latemar*, die *Pale* und *Tofane* zu durchsteigen bedeutet, sich tief durch Raum und Zeit zu bewegen. Wir wanderten in der scheinbar undurchdringlichen Oberfläche der Zeit immer selbstverständlicher vor und zurück. Wir lernten zu erkennen, wie Gipfel und Schluchten entstanden waren und im Lauf der Zeit wieder scheinbar mühelos verformt wurden.

Überall um uns herum bäumten sich die mächtigen, zeitlosen Berge der Dolomiten auf. Die *Cima Tosa*, der *Schlern*, die *Marmola-*

ta, die Drei Zinnen. Viele der Gipfel werden auf den Hinweisschildern gar nicht genannt. Tief in Gedanken versunken wanderten wir Richtung Seceda.

Plötzlich war es uns, als hörten wir Menschen lauthals reden, fast schreien. Irgendwann sahen wir sie. Um Seceda herum waren es Tausende, wenn nicht Abertausende. Ein jeder tat so, als gehörte die Natur ihm ganz allein. Angelockt waren sie durch die Werbeprospekte der umliegenden Tourismusorte. Die Verlautbarungen klingen so oder ähnlich: „Wolkenstein gehört zu den renommiertesten Ortschaften im Alpenraum und bietet sich als ideales Ziel für Wintersportler und Bergliebhaber an. Der Ort gilt als hervorragender Tourenausgangspunkt und bedeutendes Wintersportzentrum in den Dolomiten."

Oder: „In einem wunderschönen Becken, am Fuß der mächtigsten Gipfel der Dolomiten, befindet sich Canazei, einer der bekanntesten Fremdenverkehrsorte des gesamten Alpenbereiches." Der Fremdenverkehrsdirektor des Ortes verkündete stolz: „Die Einwohner dieser Gegenden gehören zu den reichsten Europas." Reichtum an Kultur und Weisheit war damit nicht gemeint. Natürlich ging es um Erfolg und Geld: „Der Tourismus hat uns wohlhabend gemacht. Wir haben ein besonderes Gespür für Nächtigungszahlen entwickelt." Die Reiseführer für die Touristen schwärmten von der „atemberaubenden Dolomitenlandschaft". Sie verkündeten: „Hier leben die Menschen im Einklang mit der Natur."

Das *Grödner Joch* verbindet die ladinischen Täler Gader- und Grödnertal. Bis auf 2000 Meter hinauf wachsen hier Zirben und Berg-Kiefern. Doch darüber und rund um den *Sellastock* zeigen sich die Hochflächen karg wie ein trockengelegter öder Meeresboden. Die Sellarunde ist im Winter – Skilift hinauf, Piste hinunter, Seilbahn hinauf, Abfahrt hinunter – ein „unbedingtes Muss". Der *Kronplatz* gilt mit seinen vielen Pisten als einer der „schönsten Skiberge Europas", die Feriendörfer in Schluderbach oder im Fassatal präsentieren sich als „wunderschöne Orte zum Entspannen".

Auch das Kulturelle wird heute gnadenlos vermarktet: „Der romanische Dom zu Innichen gilt als einer der schönsten der Alpen", der Kirchturm von Cortina d'Ampezzo als einer der „gelungensten", das *Ranui*-Kirchlein von Villnöss als „malerischstes", die *Heilige-Kreuz-Kirche* unter dem *Kreuzkofel* als „schön gebettet" … So ist es in den Reiseführern und Broschüren zu lesen.

Wir leben in einer besonderen, eigenartigen Epoche. Die Zeit wird von den meisten Menschen als hastend empfunden. Umso mehr glauben viele, es genüge vollkommen, an einem Tag des Jahres, zu einer Stunde, einer Minute einen Blick über eine Landschaft zu werfen, um all ihre Schönheiten zu erfassen. Doch auf diese Weise kann das Auge nur einen allergeringsten Teil des Möglichen erfassen. Was darunterliegt, die tieferen Schichten, die Besonderheiten, all das bleibt verborgen.

Die meisten Besucher, die die *Drei Zinnen*, den *Latemar* oder den *Rosengarten* besuchen, wenden sich schon nach kurzer Zeit wieder einem neuen Reiz zu, weil sie glauben, bereits alles gesehen zu haben. Ein längeres Verweilen und Hinschauen verschafft ihnen Langeweile.

„Wie teilnahmslos und unempfindlich stehen die Touristen vor den Naturschönheiten, so als trügen sie Augenbinden und Ohrenstöpsel", stellte Fèro betrübt fest. „Sie verstehen nicht, in diesen Büchern der Zeit zu lesen. Sie schauen nur auf das, was ihnen gesagt wird. Die wenigsten wollen dahintersehen", glaubte er.

Langsam ließen wir den Lärm auf den Wanderwegen hinter uns. Ruhe kehrte ein – wir konnten uns wieder der Landschaft widmen. Fèro las die Formationen, als hätte er eine Landkarte in der Hand: Hier musste einst das Ufer des Sees gewesen sein. Im Hintergrund standen die erloschenen Vulkane, deren Auswurfmassen die ganze

Gegend überdeckten. Von diesen Hügeln aus hatte man eine gute Sicht auf das nahe Meer. Er entdeckte Spuren einstiger Waldbrände und versetzte sich in seiner Phantasie in diese „verbrannten Landschaften". Auch ehemalige Strände fand er – sie zeigen sich heute seltsam versteinert und trocken.

Doch gelang es uns nicht ganz, uns in die vergangenen Zeiten hineinzuversetzen. Unsere Eindrücke wurden getrübt. Die in die Landschaft hineingeschlagenen Waldschneisen, niedergesägte Zirben und Wacholdersträucher oder Maschendrahtzäune störten den Blick. Ähnlich wie die aufwendig gestalteten Fotoschilder, die nichts anderes abbilden als den dahinterstehenden Berg. Die Planer des Parks waren offenbar der Meinung, den Menschen die Natur mit derartigen Schildern erklären zu müssen.

Wir erstiegen den Gipfel eines Berges und setzten uns in das ihn umhüllende Wolkenmeer. Es war, als schwebten wir dahin.

„Nicht der Gipfel sollte das Ziel sein, sondern die Tiefe", fanden wir. „Lasst uns vorerst zumindest in das Innere unserer Seele gelangen. Dann mag das andere von allein kommen."

Wären die modernen Menschen bessere Beobachter, würde ihnen die Macht der Zeit schnell einerlei werden. Sie würden die majestätischen Berge unter ganz anderen Blickwinkeln betrachten. Nicht nur als hastige Erhascher eines kurzen Augenblicks, sondern als Zeugen ihres gewaltigen Werdens und Veränderns. Fèro und ich saßen gemeinsam auf dem *Monte Ozol*, dem *Piz da Peres*, dem *Monte Cristallo*. Diese Kathedralen aus Stein, durch die Natur gefertigt, wirkten auf uns majestätisch wie nichts anderes auf der Welt. Die Wasserfälle entlang den Felsen waren ein vollendetes Schauspiel, die Zinnen wahre, einzigartige Kunstwerke.

„Die Dolomiten sind so reich und schön", meinte Fèro versunken.

In einem Tal, von den Einheimischen *Val Duron* genannt, ragen Korallenriffe empor. Nicht weit entfernt liegen die schweren Gletscher der *Marmolata*, auf der anderen Seite der unendliche Ozean des einstigen Tethysmeeres, eingekeilt zwischen *Latemar* und *Rosengarten*. Und immer wieder die Lavaablagerungen mächtiger Vulkane. Wir setzten unsere Wanderung fort und durchstiegen die Schlote früherer Krater. Es war uns, als ob wir die Hitze der längst erloschenen Vulkane spürten. Wir durchwateten Meere, die tiefer und tiefer wurden, riesige Korallenburgen umsäumten uns. Erstaunlicherweise wurden wir dabei nicht einmal nass.

Plötzlich wurde unsere Reise durch die Zeiten wieder jäh unterbrochen: Am gegenüberliegenden Hang wurde eine neue Skipiste in die Landschaft hineingefräst. Wo vor Jahren mit dem wuchtigen, wuchernden Ausbau des Skigebiets begonnen wurde, grasen heute im Sommer einige Kühe. In diesem Augenblick zerriss ein Knall die Luft. Ein Teil des Berges wurde weggesprengt. Für eine kurze Zeit wurde alles ganz still. Dann begann es wieder zu rumoren. Planierraupen zogen auf, Lastwagen dröhnten die engen Wege hoch, Gestein und Erde wurde von einer Stelle zur anderen verfrachtet: Korallen, Muscheln, Meerestiere, einstiges Leben – alles wurde gefühllos weggekarrt. Einzelne Steine kollerten den Hang hinunter. Die Kühe zerstoben ziellos in verschiedene Richtungen.

Wir änderten die Richtung. Irgendwann ließen wir uns müde auf einem Felsen nieder. Es war wieder still. Wir hatten das seltsame Gefühl, an einem uralten Meeresstrand zu sitzen. Von dort aus konnten wir das Geschehen vorüberziehen lassen, das sich uns bot. Alles war spannend und neu. Unsere Wahrnehmung war wie geweitet: Die gewaltigen Berge leben und erzählen – wenn man sie danach fragt. Wir hörten Wellen rauschen, so wie wenn man sich eine Muschel ans Ohr legt. Das imaginäre Meer war aufgewühlt. Wolken zogen auf und Sturm. Dann begann es zu donnern und zu blitzen und ein urweltliches Gewitter prasselte nieder. Wir fühlten uns ganz verbunden mit diesem zeitlosen Geschehen.

Wir gingen weiter. Am Boden sahen wir Seesterne zuhauf. Wir wussten nicht einmal, ob sie noch lebten oder schon versteinert waren. Selbst bei den zarten Quallen, die an uns vorübertrieben, erkannten wir es nicht. Es spielte keine Rolle. Auch lag manch ein Skelett vor uns, aber unsere anatomischen Kenntnisse reichten nicht aus, eine heutige Brückenechse von einer früheren zu unterscheiden. Mit Eifer füllten wir unsere Taschen mit einigen der abgeflachten Scheiben, die wir fanden. Als wir sie später ausgiebig und in Ruhe betrachteten, erkannten wir zu unserem Erstaunen, dass es sich um Sanddollars oder Scutellae handelte.

Wir fanden in freigelegten Schichten große Austern – jedenfalls schauten die Versteinerungen so aus. Sie maßen an die zehn Zentimeter und ganz automatisch stellten wir uns vor, sie zu schlürfen, wie in einem noblen Restaurant. So legten wir eine Sammlung von Muscheln verschiedenster Epochen an und konnten am Ende doch nicht festlegen, wann sie gelebt hatten. Wie sie zu Hause unter dem Tageslicht ausblichen, verloren sie langsam ihre Schönheit. Kein Wunder, hatten wir sie doch ihrem angestammten Platz entrissen. Hoch oben am Berg entdeckten wir Venusmuscheln, jedenfalls glichen sie ihnen. Sogar mythisch wirkende Jakobsmuscheln hatten sich untergemischt. Es schien, als hätten wir den Anfang der Zeit erreicht.

Noch weiter ging es. Gleichmäßig hielten wir unseren Schritt, ohne innezuhalten. Als Zeitenwanderer überquerten wir Wüsten und Weltenmeere, ausgedehnte Gletscherlandschaften und von wilden Wässern ausgegrabene Schluchten. Und doch setzten wir nie unsere Schritte über jenes kleine Gebiet hinaus, das wir die Dolomiten nennen.

„Die Gipfel interessieren uns nicht. Wir wollen nach innen schreiten", war unser Motto.

Wir lieben unsere Dolomiten. Aber noch mehr befriedigt es uns, in den versteinerten Ozeanen und vergessenen Inseln Tausende und

Abertausende von alten, längst vergessenen „Dolomiten" zu entdecken. Als unsere Vertrautheit mit der Landschaft immer inniger wurde, wurde auch unser Geist immer weiter. Die gewaltigen Meere aus
früherem Leben bewahren in sich die Gestalten und Entwicklungen
der Jahrmillionen. Dolomiten – mächtige Berge, gebaut aus Korallen
und Muscheln.

Einsame Wanderungen zu den Urständen des Lebens

In jenem Winter nach unseren gemeinsamen Wanderungen durch
die Zeiten drang Fèro tief und tiefer in das Wesen der Steine und in
die Vergangenheit ein.

„Im Winter spalten sich bei Schnee, Frost und Kälte die Felsplatten anders als in den anderen Jahreszeiten", fiel ihm auf. „Sie brechen
ruckartig klirrend."

Selbst bei eisigen Temperaturen war er unterwegs. Auch wenn an
seinem Bart lange Eiszapfen herunterhingen – er fühlte in seinem
Innern keine Kälte. Seine Begeisterung für die Wildnis und die Weisheit der Natur wärmten ihn. Andere Bewohner der Dolomitentäler
zählten derweil das mit der Schönheit der Natur verdiente Geld. In
ihrem Innern war dabei vielleicht mehr Frost und Kälte vorhanden
als draußen an irgendeinem der Wintertage.

Ziel- und trittsicher umkletterte Fèro ganz allein eiskalte Wasserfälle, bewältigte gefrorene Schneehänge und stockhartes Gelände.
Gefährlich dräuten mancherorts tonnenschwere Gesteinsschichten
über ihm, während er sich mühsam an jene Felswände herantastete,
die zu ihm sprachen. Auf seinen abenteuerlichen Wanderungen
musste er oft innehalten, um genau zu beobachten. Einen festen Zeitpunkt für die Rückkehr zu setzen, war nicht möglich.

„Jeder sollte Zeitenwanderer werden und neue Welten besuchen. Eigene wie fremde", meinte er. „Wer mag die Eigenheiten einer anderen Zeit oder Landschaft verstehen, wenn er niemals dort war?" Mehr und mehr weitete Fèro sein Vorstellungsvermögen, um über immer entlegenere Kontinente und Ozeane zu neuen Ufern zu gelangen. Sein Wille gab ihm die Kraft, immer weiter zu gehen. Er entdeckte ihm vollkommen unbekannte Pflanzen. Immer wieder verglich er die Abdrücke mit ihm bekannten Gewächsen. Er gönnte sich keine Pause, hatte er doch die Hoffnung, möglichst viele Pflanzen zu finden, um sie vollkommen kennenzulernen und das Wesen ihrer Fremdheit zu verstehen.

Bald lagen in seinem Haus Dutzende, ja Hunderte von Steinplatten. Alle zeigten sie Abdrücke aus einstigen urzeitlichen Landschaften. Vor Fèros inneren Augen formte sich ein Bild, wie es einmal gewesen sein musste: Flüsse wurden lebendig, Ufer zeichneten sich ab, an denen fremdartige Pflanzen wuchsen und sich die exotischsten Tiere tummelten.

Er stellte sich immer wieder vor, auch unbekannte Tierarten zu entdecken: vielleicht einen Saurier mit perfekt erhaltenem Skelett, mit Haut und Zehennägeln. Er erträumte, wie die Tiere lebendig ausgesehen hatten. Er malte sich aus, wie sie sich entwickelten, mit welchen anderen Arten sie vergesellschaftet waren. Dass in einer Steinplatte plötzlich ein Lebewesen ans Tageslicht kommen konnte, das kein Mensch zuvor jemals gesehen hatte, das keine Phantasie erschaffen könnte, regte sein Denken an.

Und wirklich: Fèro entdeckte sie, die unbekannten Gattungen und Arten, von denen er träumte. Wie sich später herausstellte, sind sie von großem Wert für die wissenschaftliche Forschung. Eine bisher unentdeckte und überaus rätselhafte Pflanze erhielt ihm und mir zu Ehren den Namen *Wachtleropteris valentinii*. Das Schicksal verband uns immer inniger.

Wissenschaftler versuchen, den Dingen einen Namen zu geben. Dazu zählen sie die Anzahl der Blattadern einer Cycadee, eines Palmfarnes, versuchen zu erkennen, ob die Nadeln einer Konifere säbelartig gekrümmt oder spitz zulaufend sind. Sie interpretieren die Samenschuppen, die Internodien eines Schachtelhalmes und zählen die Blätter eines Ginkgogewächses. So fügen sie den heute mehr als zwei Millionen bekannten lebenden wie ausgestorbenen Arten immer weitere hinzu. Sie heben einen Wassertropfen aus dem Ozean der Erkenntnis. Doch im Augenblick des Erkennens gleitet dieser schon wieder zurück und wirft neue Fragen auf.

Fèro war nicht nur ein Meister des Erkennens, sondern auch des Staunens und der Imagination. Selbst wenn er sich an den Tropfen eines über die Felsen herabplätschernden Rinnsales labte, malte er sich aus, dass sie die im Wasser gelösten Überreste riesiger Dinosaurier und urzeitlicher Echsen in sich trugen.

Er meinte einmal zu mir: „Jeder Wassertropfen ist ein eigenes Universum. Jeder Wassertropfen vermischt sich untrennbar mit anderen. So sind Tausende Kilometer entfernte Tropfen mit allen anderen dieser Welt verbunden. Die größten Veränderungen in den Dolomiten vollzogen sich durch Ruhe und Beharrlichkeit. Der stete Tropfen ist die am meisten verändernde Kraft."

Wir studierten die heutigen Farne, Schachtelhalme und Nadelbäume, um ihre Eigenheiten besser zu verstehen. Wie leben sie? Wann blühen sie? Wann reifen sie? Wir beobachteten gemeinsam – so musste ein jeder nur die Hälfte hinzutun.

So lange verfolgten wir unser Ziel, bis wir zu dem von uns gedachten Anbeginn vorgedrungen waren. Es lag uns daran, das jetzige Leben ebenso gut zu verstehen wie das vergangene. Wir begrüßten den Hunderte Millionen Jahre alten Nadelbaum mit gleicher Freude wie die Lärchen und Berg-Kiefern, unter denen wir daherwanderten. Wir schritten gemeinsam die Strände längst vergangener Meere ab und mussten doch auch erkennen, wie viele andere Ufer für uns unerreichbar bleiben. Es sei, denn wir lassen unseren Gedanken und Träumen freien Lauf. Wir wollten Urmensch sein oder Dinosaurier oder Schuppenbaum.

Jene, die Fèro tagein, tagaus so vertieft in seine Studien über das Leben und suchend antrafen, wunderten sich und schüttelten meist den Kopf. Besonders weil der einfache Waldmensch sich von nichts abhalten ließ, seinen nunmehr eingeschlagenen Weg in die Tiefe fortzusetzen. Fèro war mittlerweile zu einem Wanderer zwischen prähistorischen Kontinenten mitsamt ihrer Fülle namenloser Landschaften und Meere voller Unabwägbarkeiten geworden. Seine Streifzüge bewegten sich nicht mehr durch das Heute, sondern in von keinem Menschen kartierten Zeitenwelten. All seine Erfahrungen und Erlebnisse erschienen ihm wie Teile eines großen Unbekannten – unbegrenzt und zeitenlos. Er war wie jemand, der Treibholz aus fernsten Welten mit nach Hause schleppt, so wie eine schöne, vom Wasser ausgelaugte Latschenwurzel vom Tovelsee.

Fèro hatte jetzt, da sich sein Leben langsam dem Ende zuneigte, seinen eigentlichen Lebensinhalt gefunden. Sein tägliches Tun erfüllte ihn unvergleichlich mehr als die von der modernen Gesellschaft inszenierten „frohen Botschaften".

„Ich habe die Natur gefunden", wurde er nicht müde, voller innerer Freude zu betonen. Es klang so, wie wenn andere sagen: „Ich habe Gott entdeckt."

Immer wieder zog es ihn nach Tregivovo. Über ihm donnerten die Autos über die Brücke von *Le Fraine* – unter ihm lagen unentdeckte Savannen und Urwälder, die seine Kleider zerrissen, seine Finger stachen, seine Haut zerkratzten. Fèro verletzte sich oft bis aufs Blut. Doch Schmerzen schien der einsame *Wächter der Wildnis* keine zu spüren.

Mit Phantasie die Urzeiten erfassen

Fèro hatte sich mittlerweile daran gewöhnt, jeden Stein so zu betrachten, als ließe sich daraus das Aussehen ganzer Landschaften ablesen. „Durch Übung erkennen wir", war er sich sicher. „Der eine übt seine Finger, um über die steilsten Felswände zu klettern. Der andere entwickelt neue Sichtweisen auf die Natur."

Selbst in den unscheinbarsten Spuren entdeckte er Überbleibsel von Echsen, Dinosauriern und Pflanzen zuhauf. Vor seinem geschulten Blick lagen weitläufige versteinerte Strände. Auf ihnen erkannte er mühelos die Trittsiegel Tausender unbekannter Tiere, die sich über die Zeiten erhalten hatten. Er versuchte herauszufinden, wie sie gelebt, sich verhalten hatten, wie sie sich bewegten. Auf manchen Platten waren sogar Millionen Jahre alte Regentropfen versteinert. So als seien sie erst gestern auf ausgetrockneten Sand gefallen. Jede einzelne Steinplatte flüsterte ihm zu: „Was interessiert euch eigentlich die Zeit vor der Zeit? Dieses Land ist nicht für euch geschaffen!"

Doch Fèro ließ sich nicht beirren. Er hatte den Zugang gefunden, um zu beobachten und die Naturgeheimnisse zu lüften.

„Der Unterschied zwischen dem Leben des einen und dem Tod des anderen ist in dieser Welt minimal", wusste er.

Eigentlich bestand sogar gar kein Unterschied. Unsterblich ist der Bärlapp, der vor Urzeiten lebte, wie der heutige auch. Unsterblich ist der im Fels abgelagerte Meeressand mit seinen darin enthaltenen Fischen, unsterblich auch die Eidechse, die über die versteinerten Skelette ihrer Vorfahren hinweghuschst. Wer über den Rand der Zeit tritt, erkennt das Ewige des Lebens.

Alle Mythen wissen von Monstern und Lindwürmern zu berichten, von eigenartigen Fabelwesen, die einmal im Dunkel der Zeiten waren. Manche behaupten, dass es auch heute noch in unbewohnbaren Landschaften Drachen und Dinosaurier gibt, urzeitliche Monster, allerlei unbekannte Wesen. In den Gedankenspuren der Welt ist alles erhalten. Selbst wenn wir von vielen dieser Lebensformen und Gestalten nicht das Geringste wissen. Wir glauben heute an die Allmacht der Vernunft – doch hat keine Wissenschaft das Recht oder das Vermögen, uns unserer Mythen und Phantasie zu berauben. Für Fèro war das ein Teil seiner Lebensweisheit.

„Wissenschaft und Wissen sind zerbrechlich. Was wir heute glauben, kann morgen schon ein Irrglaube sein."

Als er mir das einmal sagte, besann ich mich der Federzeichnungen der Schulbibel, die die Sintflut darstellen. Auch an die Forscher früherer Jahrhunderte, die die Urzeiten mit fürchterlichen Drachentieren und anderen Ungeheuern ausmalten, musste ich denken. Den Büchern des großen Geologen Piero Leonardi entsprechend sind die Dolomiten fast zur Gänze aus derartigen Ereignissen aufgebaut. Dort liegt ein flaches Meer mit Brackwassermuscheln, da der Grund einer Tiefsee, gefüllt mit riesigen Ammoniten und anderen „Ungeheuern". Woanders wiederum treffen wir auf riesige Gezeitenzonen, wie sie heute noch bei den Bahamas vorkommen, oder auf verschlungene Küstenlinien wie in der Südsee. 1967 beschrieb er das Wesen dieser Berge in seinem umfangreichen Buch *Le Dolomiti: Geologia die monti tra Isarco e Piave (Die Dolomiten: Geologie der Berge zwischen Eisack und Piave)*. Bereits 1741 würdigte der in Torbole am Gardasee geborene Arzt Franz Ferdinand Giuliani die Dolomiten in seiner *Dissertatio de Fossilibus universalis Diluvii* voller Heimatstolz als Zeugen der Sintflut.

Ich fragte Fèro, wie er sich fühle, wenn er einsam durch die Wälder des Nonstales zog. Keiner kümmerte sich um ihn, niemand fragte sich besorgt, wann er wieder zu Hause sein würde. Wäre er vom Blitz getroffen worden, wäre er in einen See gefallen – wahrscheinlich hätte es keiner bemerkt.

„In den Wäldern geht niemand verloren", meinte er seelenruhig. „Ganz abgesehen davon: Wer in der Natur sein Leben beendet, hat es besser als jener, der zu Hause einem Hirnschlag oder Infarkt erliegt."

Fèro fühlte sich nie einsam. „Ich habe meinen Schatten", meinte er mit wachen Augen. Dieser Schatten ist sein verschwiegenster und unaufdringlichster Begleiter, erzählte er mir. Ihm kann er vertrauen, er weicht nie von seiner Seite. Sicheren Schrittes klettert er die Hänge hinauf oder er übt sich in Geduld, wenn Fèro vom steilen Aufstieg ausruht. Er setzt seinen Gang fort, wenn Fèro zu gehen beschließt. Manchmal sitzen sie auf einem engen Sims und schauen den sich immer tiefer in die Landschaft hineinfressenden Planierraupen und Baggern zu.

Mit seiner wilden zottigen Mähne, für alle gut erkennbar, war Fèro unterwegs in seiner Landschaft. Manche Freunde fragten ihn fast schon resigniert, warum er sich noch immer so viel Mühe beim Spalten von Steinplatten mache. „Die Arbeit als Steinmetz wird anderswo hoch bezahlt", witzelten sie. Er erklärte, sein höchster Lohn seien seine Erkenntnisse. Sie fragten: „Welche?" Er antwortete: „Wissen über die Zeit."

Die Antwort machte sie ratlos.

Waren solche Sätze für andere inhaltsleer oder langweilig, freute sich Fèro jeden Tag mehr über das Gelernte. Er hatte sich dazu entschlossen, das Blühen und Reifen von Bäumen und Sträuchern zu beobachten. Er widmete sich der unendlichen Wandlungsfähigkeit der Felsen. Er folgte den Spuren von Tieren. Sein Leben war voller Spannung und Abenteuer. Wissen und Erkenntnis kamen noch gratis dazu.

Wie viel Zeit verschwenden wir heute für Banalitäten? Wir sind ständig mit unseren Problemen beschäftigt. Den so unendlich vielen kleinen wie ärgerlichen Dingen des Lebens. Der hohen Telefonrech-

3_1 Fèro beim Bearbeiten von Steinplatten im *Le-Fraine*-Tal bei Tregiovo. Überall entdeckt er einzigartige Fossilien – und liest in den Schichten der Felsen wie in einem Tagebuch der Erde.

3_2 Eine viele Meter hohe Betonbrücke überspannt das kleine *Le-Fraine*-Bächlein. Hier liegt überall Unrat herum. Die Einheimischen werfen sogar Tiere über die Brücke in den Tod. Gleichzeitig verbergen die Felsen zahlreiche Spuren urtümlichen Lebens.

3_3 Fèro, der Steinespalter. Unzählige Tage verbringt er auf der Suche nach der Urzeit. Schwer bepackt mit den Schätzen aus Stein macht er sich spätabends zu Fuß auf den Weg nach Hause.

3_4 Fèro mit einer Steinplatte. Alle Fundstücke beschriftet er fein säuberlich.

3_5 Viele der Funde zeigen Fossilien, die
für die Wissenschaft neu sind.

3_6 Mit der für ihn typischen Aufmerksamkeit und Liebe ordnet er die Abdrücke und
vergleicht sie mit den heutigen Pflanzen.

3_7 Fèro entdeckte die Vorfahren der heutigen Baumfarne *(Cycadeen)*. Fèro und Michael Wachtler zu Ehren wurde eine der Arten *Wachtleropteris valentinii* genannt.

3_8 Uralte Ginkgogewächse schlummern in den Felsschichten bei Tregiovo.

3_9 Der Nachfahre, der Ginkgobaum, fasziniert bis heute die meisten Menschen.

3_10 Das Toveltal nach einem Schneesturm. Selbst sturmartiges Schneetreiben oder bittere Kälte halten Fèro nicht davon ab, auf eine Erkundung zu gehen.

3_11 Tief winterliche Suche nach den geheimnisvollen „Schamanensteinen".
Die 275 Millionen Jahre alten Kugeln sollen besondere Heilkräfte in sich tragen.

3_12 Einsam und verlassen schläft im Winter der Tovelsee. Der „Hüter der Landschaft"
wirft einen Blick tief in die Dimension der Zeitlosigkeit.

3_13 Urzeitlich anmutende Nebelschwaden legen sich über den See wie über die Seele des einfühlsamen Naturbeobachters. Sie entrücken jedes herkömmliche Zeitgefühl.

3_14 Von Fèro entdeckte Pflanzen: *Neocalamites tregiovensis*, ein Riesen-Schachtelhalm (a); *Cassinisia ambrosii*, ein Vorläufer der Araukarien (b); *Nilssonia perneri*, einer der ältesten Vertreter der Baumfarne (c); *Wachtleropteris valentinii*, eine neue Pflanzengattung (d)

3_15 Die Nachfahren der uralten Araukarien und Farne leben auch heute noch. Im Stein finden sich selbst feine Details zu Zweigen oder Blättern – ebenso wie die Sp..ren längst ausgestorbener urzeitlicher Reptilien.

3_16 Fèros Wohnzimmer mit den „Schamanenkugeln". Ratsuchende finden immer ein offenes Ohr beim Waldmenschen aus Tuenno – bereitwillig gibt er sein großes Erfahrungs-wissen preis.

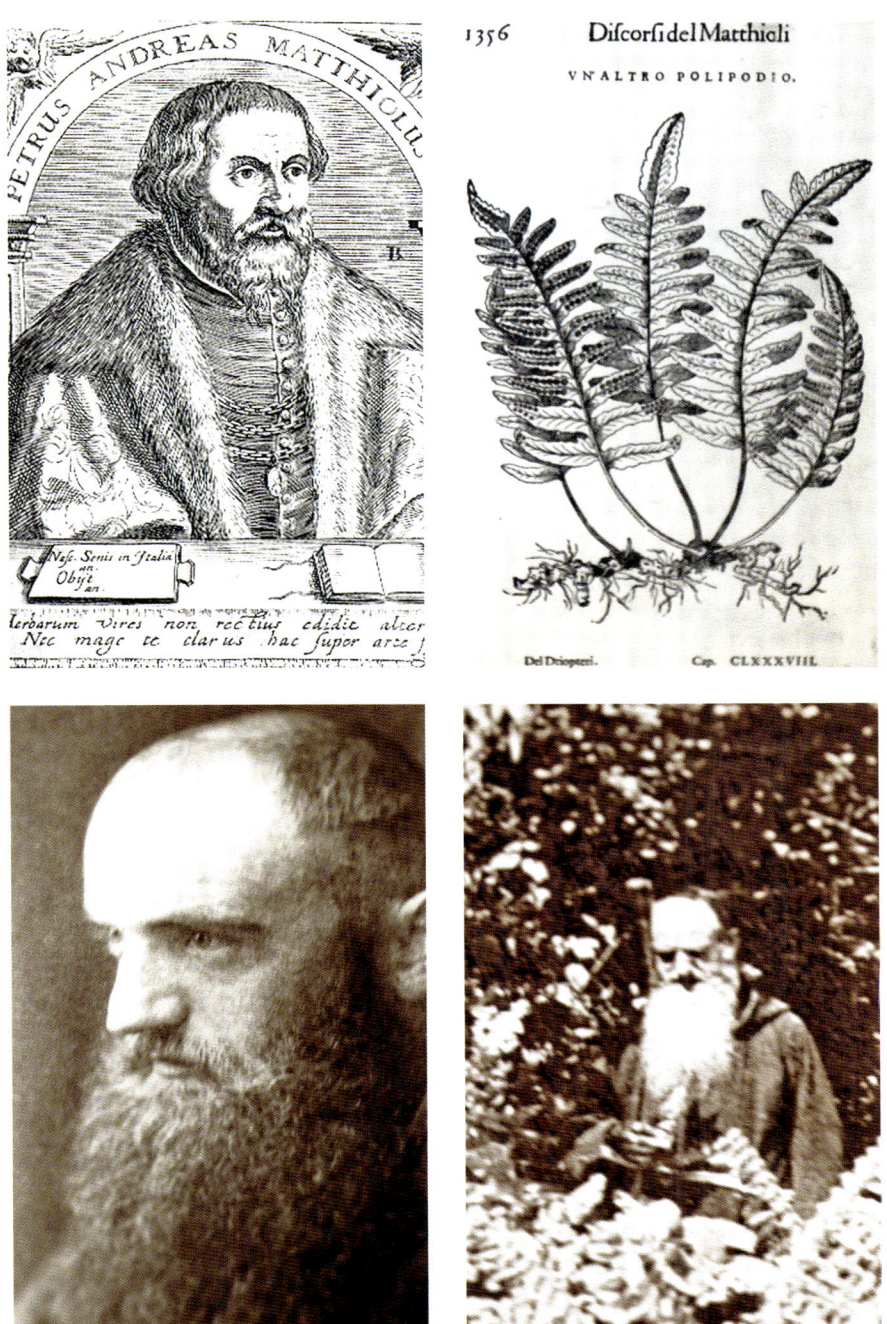

3_17 Pier Andrea Mattioli (1500–1577) und Pater Atanasio da Grauno (1885–1961) gehören zu den legendären Kräutermenschen dieser Gegend. Wie Fèro waren sie ganz innig mit der Natur verbunden.

3_18 Mit Michael Wachtler auf der ausgedehnten Hochfläche des *Val Nana*. Wer aufmerksam und mit offenem Blick in die Landschaft hineingeht, erkennt die Spuren der Natur und findet überall Neues.

3_19 Ein beeindruckender Ammonit, den Fèro aus dem Fels befreite. – Mit Professor Giuseppe Cassinis, einem renommierten Geologen, auf Begehung: Gespräche zwischen Wissenschaftler und Naturmensch auf Augenhöhe.

3_20 Fèro auf einsamen Wegen: Der weitsichtige und mutige Kampf des aufrechten und schlichten Naturmenschen gegen die Zerstörung der Mutter Erde hält an.

nung, der Parkstrafe, der in unseren Augen ungerechtfertigten Steuerfestsetzung. Wir vergeuden unsere Lebenszeit beim Verfolgen der Sportereignisse, interessieren uns dafür, welche Firma am meisten Autos verkauft oder welcher Politiker gerade diese oder jene Wahlen gewann. Wie oft streiten wir – über Angelegenheiten in unserer Stadt oder im Dorf, über die Ereignisse im Landkreis oder im Staat.

„All das ist austauschbar", meinte Fèro. „Das stiehlt den Menschen die Zeit. Dabei könnten sie beim Anblick der Naturlandschaften erkennen: Hier ist der Garten Eden. Was sind die Nachrichten gegen ein uraltes, als Steinabdruck erhaltenes Blatt? Wie viel mehr kann es uns erzählen!", meinte er wissend.

Die Seele des wahren Forschers

Der Alpensalamander, schwarz gefärbt wie der Teufel, duckte sich neben uns unter einem regenfeuchten Stein. Ohne uns weiter zu beachten kroch der Lurch dahin. Wir erfassten mit einem Mal, dass das Tier jenseits der Zeit lebt. Es hat keinen Begriff davon. Der Mensch dagegen muss sich bemühen, um die Zeit zu überwinden. Wir stellten uns den Salamander als riesiges urzeitliches Monster vor – und gleichermaßen als kleines niedliches Wesen, das in unserer Hand um sein Leben bangt. Mit einem Mal vereinten sich in uns die Mythen und Legenden dieser Welt. Wieder verschmolzen die Zeiten. Alles war wie eingehaust, wie in einer Blase. Alles war im Fluss. Uns war, als bräche ein gigantisches Chaos aus Gesteinen, Raum und Veränderung über uns zusammen, das schließlich zu einer Art unbeschreibbarer Zeitlosigkeit wurde. Jedes Tier, jede Spur, jeder Stein war ein Tor in diese Dimension.

Fèro beherrschte diesen Zugang immer besser: „Betrachten wir jeden Stein so, als hätten wir einen Ozean oder Urwald vor uns. Kein

Stein ist so unbedeutend, dass man in ihm nicht einen Teil einer Insel mit all ihren Tieren und Pflanzen sehen könnte. Oder den Grund eines Meeres mit seiner Lebensvielfalt."

Es wurde für ihn zu einer ganz eigenen Idee, dass die in einem Stein verborgenen Zeiten zu existieren anfingen, wenn man ihn spaltete. Ihre rätselhafte Schönheit begann zu erstrahlen. Die Projektionsfläche dafür sind unsere Gedanken und Vorstellungen. Wie sah dieses Reptil zu Lebzeiten aus? Oder jene Pflanze? Waren ihre Blüten rot oder grün, wurde sie vom Wind oder von Insekten bestäubt? Solche Fragen griffen direkt in die Tiefen der Zeit. Sie wurde für unseren Geist dadurch fassbar.

Fèro sprach mit den Lebewesen der Urzeiten: „Obwohl ihr vor Jahrmillionen gelebt habt, möchte ich euer Schicksal nochmals erleben. Ich will eure Vergangenheit überwinden!"

Er legte eine Steinplatte frei, auf der sich ein vollkommen erhaltener Zweig zeigte. Er war so perfekt erhalten, als wäre er gerade vom Sturm von einer Araukarie gerissen worden. Kaum hatte er die Platte vorsichtig zur Seite gelegt, zeigte er mir die Spur einer wilden Echse. Der Abdruck sah aus, als wäre sie soeben um die nächste Ecke entschwunden.

„Hier", meinte Fèro, „rannten Saurier das Ufer entlang." Er hielt kurz inne. Dann zeigte er auf eine andere Stelle: „Dort stand ein urzeitlicher Nadelbaum. Und weiter hinten brannte der Wald."

Immer, wenn er glaubte, alles entdeckt zu haben, fand er Neues. Etwas, das seine Vorstellungen beflügelte. Er setzte alles daran, die Grenzen seiner Phantasie mithilfe der Funde unablässig auszudehnen und zu erweitern. Er dachte dabei nicht nur an sich selbst, sondern auch an die Phantasie der anderen. Das ging sogar so weit, dass er mir einmal sagte: „Ich muss an einem Tag an die zehn verschiedene Nadelbaumarten gefunden haben. Auch welche, die für mich vollkommen neu sind. Und für die Menschheit genauso."

Es dauerte, bis er eine jede Art anhand ihrer Charaktereigenschaften ganz genau unterscheiden lernte. Er nahm sich die Zeit und die Muße dafür. So wie wir Fichten von Lärchen, den Wacholder von Zirben trennen, unterschied er die Fülle der tropischen Pflanzen, die vor Millionen von Jahren gelebt hatten. Einige von ihnen bildeten lange Stämme mit waagerecht abstehenden Ästen und flachen Kronen. Ihre Blätter waren schuppenförmig. Sie waren die Vorläufer der Araukarien, so wie sie heute noch auf der Südhalbkugel vorkommen. Sie wandelten sich weiter zu Kauribäumen, wie wir sie in Australien finden. Allein die Pflanzen ergaben für ihn ein Bild der Vielfalt ohnegleichen. Für ihn spielte es keine Rolle, ob sie im Jetzt oder in der Urzeit lebten.

Er konnte im Stein das von Blattschneiderbienen zerfressene Laub des Weidenröschens oder von Maikäfern angeknabberte Wald-Erdbeeren erkennen. Mit seinen über Jahre geschulten Sinnen betrachtete er wie ein zeitloser Zeitzeuge die von Käfern befallenen Blätter urzeitlicher Palmfarne. Wenn er ihre Früchte und Samen entdeckte, freute er sich und staunte, welch reichhaltiges Leben selbst im Kleinsten verborgen liegt.

Er wanderte an einstigen Vulkanen entlang, kam zu Geysiren und heißen Quellen. Dann wieder taten sich neue Weltenmeere auf. Er sah Wasserfluten an die Felsen branden und glühende Lava sich urplötzlich aus den Schlünden ergießen. Er erlebte, wie der Wind Dünen zusammentrieb, an ihnen baute und sie wieder zerstörte. Im Ozean der Zeit waren das kaum erwähnenswerte Episoden – doch prägten sie sich ihm unauslöschlich ein.

So kam er auf einen neuen Gedanken: „Es muss einen regen Austausch zwischen der Vergangenheit und der Gegenwart geben."

Für ihn war es sichtbar, dass die heutige Zeit mit der vergangenen zu einer untrennbaren Einheit verschmolzen ist. Unterschiede und Entfernungen entstehen bloß in unserem Gehirn. Nach dem Ermessen der wissenschaftlichen Vernunftmenschen hätte Fèro niemals so weit kommen können. Waren die Koryphäen und Museumsdirektoren doch der Meinung, dass er dafür nicht die richtigen Voraussetzungen besaß. Doch Fèro, der einfache Hirte und Mann der Berge, wuchs über sein ihm vorgegebenes Dasein hinaus, indem er das Regelwerk seines Umfeldes sprengte. Das Undenkbare ereignete sich – ein Kräutersammler wurde zu einem Naturweisen und Forscher, der Raum und Zeit durchschreiten konnte.

Es hatte sich herumgesprochen, dass in den *Brenta*-Dolomiten ein Waldmensch lebt, den es tiefer als andere in die Natur zieht. Seine Entdeckungen wurden immer bekannter. Der berühmte Professor Giuseppe Cassinis meldete sich zu Wort: „Diese Funde erregen die Aufmerksamkeit der internationalen Fachwelt!" Francesco Angelelli, wissenschaftlicher Leiter der *Paläontologischen Sammlungen* an der *ISPRA*, der obersten Stelle zum Schutz des italienischen Naturerbes, schrieb: „Freue mich außerordentlich, Fèro und seine einzigartige und wissenschaftlich so bedeutende Sammlung kennengelernt zu haben. Personen wie Fèro sind genauso einzigartig. Sie erlauben uns, die Schätze der Geschichte unseres Planeten zu schützen. Ich bin zutiefst berührt."

Selbst der ehrwürdige Professor Rudolf Daber, Direktor des renommierten *Museums für Naturkunde* der *Humboldt-Universität* in Berlin, fand Anerkennung über Fèros Forscherdrang. Er wusste: „Die Natur spricht nicht zu jedem."

Das Wesen der Zeit entdecken

Ungeachtet dessen bewegte sich Fèro immer mehr in die Felsen hinein. Jedes Mal, wenn ich den alten Mann in seinem Zuhause besuchte, zeigte er mir mit Begeisterung seine neuen Entdeckungen. Für andere mochten es tote Steine sein, für ihn waren es lebendige Erkenntnisse. Leicht war das nicht unbedingt: Manchmal hoben sich die Konturen einstigen Lebens nur unscharf ab und wir hatten äußerste Mühe mit unseren Deutungen.

Wenn wir dann nach draußen gingen und miteinander dahinschritten, fügte sich alles in uns ganz harmonisch zu einer gemeinsamen „Chronik des Wanderns". Doch ging jeder auch immer wieder seinen eigenen Weg. Mochte es sein, dass Fèro auf seinem Pfad durch die Zeiten mir gegenüber manchmal um die eine oder andere Jahrmillion voraus war oder zurücklag – es spielte keine Rolle, hatten wir doch nie irgendwelche Verabredungen getroffen oder waren Verpflichtungen eingegangen. Freiheit und Intuition waren unsere Wegweiser. Solange jeder seinen *eigenen* Weg beschritt, musste er auf dem richtigen sein.

Fèro veränderte sich durch die intensiven Erfahrungen mit der Zeit – und der Zeitlosigkeit. Das Geräusch seiner Ganges, sein Atmen, seine Gestik, auch das Gurgeln der Bäche, das Knacken von Ästen, das Rauschen des Windes – alles wurde eine Einheit, die sich mit dem ganzen Kosmos mitsamt seiner unbegreiflichen Zeitdimension verband. Immer wacher konnte er die langsamen Veränderungen und Anpassungen der Lebewesen und Dinge deuten, betrachtete dabei aber nie etwas als besser oder schlechter. Wir glauben, „Zeit" sei jener Bereich, in dem wir gerade leben. Wir sind uns nicht bewusst, dass wir darüber hinausgehen können.

„Was uns hindert, die Zeit zu verstehen, ist, dass es nie gelang, eine Sprache für das Zeitlose zu schaffen", war sich Fèro sicher.

Im Wesen der Zeit liegt die Geduld. Sie ist beständig – wie das Leben selbst. Über Jahrhunderte hinweg verharren Bäume an einem Ort. Sie erleben unbeirrt Zeitenläufe wie Geschichtliches und gehen gelassen ihrem vorbestimmten Schicksal entgegen. Ein Wald steht gewichtig in der Landschaft. Was wissen wir von ihm? Woher stammt er? Wann entstand er und warum? Weiß er vielleicht mehr von der Zeit als wir – und auch vom Leben?

Das *Haus des Lebens*, wie Fèro es nannte, ist unendlich. Es hat keine Fenster, keine Türen, keine Mauern. Es ist umfassend. In der Art stellten wir uns auch das Weben der uns so fremden *Traumzeit* der Aborigines vor.

„Mir scheint, als bewegten wir uns in Wahrheit ganz oft abseits der Zeit“, meinte Fèro. „Je älter man wird, desto mehr.“

Er näherte sich – es langsam ahnend – den Ursprüngen seines möglichen Seins. Von Menschen produzierte Uhren laufen alle irgendwann ab. Die eigene Zeit und Zeitlosigkeit aber nie. Jenseits der Zeit kann nichts sterben. In vollkommener Eintracht mit dem Wald, mit den Winden, mit den Bächen und Seen wanderte Fèro auf diese Weise durch „seine“ letzten Zeiten hindurch. Er hatte unzählige Pflanzen und Tiere kennengelernt. Er wusste, welch unendlich hilfreiche Dienste sie für die Menschen leisten. Er entdeckte das Reich der Versteinerungen und das Leben darin und verstand es wie kaum ein anderer.

Ich folgte ihm dabei. Er setzte sich mit äußerster Innerlichkeit neben Felsplatten, um ihre Freundschaft zu erlangen. Er glaubte zu hören, was sie erzählen. Stundenlang konnte er dabei in aller Stille verharren. Auf diese Weise vereinte er sich vollkommen mit den Steinen, Pflanzen und Tieren. Ein überzeitliches Fotoalbum tat sich zwischen jedem Felsspalt auf. Jede Seite erzählte eine eigene Geschichte. Eine spannender als die andere.

„Wir können Landschaften verändern und zerstören.“ Das wusste er nur allzu gut. Ebenso wusste er: „Solange das unsere einzige Sichtweise ist, bleibt unserem Blick das Vergangene wie auch das Zukünftige versperrt. Wir brauchen ein anderes Denken.“

Wer ein solches Denken oder Vorstellungsvermögen hat, der schaut durch das Wesen der Zeit hindurch: Kontinente verschieben sich, Berge brechen zusammen, neue Berge wachsen, die Erde bebt, tropische Ozeane verwandeln sich in Eismeere. Wir konnten das sehen. Nur waren wir nicht imstande, es in Worte zu fassen.

„Die Natur legt uns keine Hindernisse in den Weg. Sie bildet den ewigen Ausgangspunkt zur Rückkehr in die Gemeinschaft", fand er.

Die Wochen vergingen, ebenso die Monate. Sie wurden zu Jahren. Fèro veränderte sich, wie wir alle. Seine auffallend vollen Haare wurden grauer und weißer. Immer mehr im Einklang mit sich und der Natur wanderte er durch sein Leben – und verstand es immer besser. Er schätzte den Augenblick wie die Jahrmillionen im Tunnel der Zeit gleichermaßen.

Ich hatte von ihm gelernt, die Worte auf das Notwendigste zu reduzieren. Er sprach nur selten längere Sätze. Eher waren es kurze Feststellungen, mit umso mehr Tiefgang.

„Wir leben in völliger Zeitlosigkeit", war so ein Satz. Er meinte damit die Zeit als seltsames Trugbild unseres biographischen Lebens. Es gibt Worte wie Gedanken, die nicht hinterfragt werden können. Selbst wenn wir sie nicht deuten können.

Wir kamen an die Grenzen unseres Verstandes und Geistes. Auch von anderen werden derartige Erlebnisse berichtet. In einem solchen Augenblick ist man versucht, ein jegliches Gefühl aufzuheben. Es liegt nahe, anzuerkennen, dass alle Zeit nur das Abbild des menschlichen Geistes ist. Den Puls der Zeit zu fühlen, der sich über die ganze Erde verteilt – das reicht dann aus.

Arbeiten nicht viele mit äußerster Mühe daran, zum „ewigen Leben" zu gelangen? Wieso erreichen sie es nicht? Warum schaffen sie es nicht, sich für das ewige Leben bereitzumachen und nicht nur für das derzeitige? Wohl weil sie glauben, es gäbe nur dieses eine. Weil sie sich von der hastenden Zeit treiben lassen und darüber immer mehr für das Zeitlose in uns abstumpfen.

Das ist das Wunder, das man in den Bergen, gerade den Dolomiten, ganz deutlich erleben kann: das Erleben der Urzeit. Fèro wünschte eine solche Erfahrung jedem.

„Suche doch jeder, Einblick in das Herz der Zeit zu erhalten. Wie der unbefangene Geist eines Neugeborenen in sein Leben."

Während wir wieder einmal aus dem tiefen Bett des *Le-Fraine*-Bächleins aufstiegen, vorbei an unsichtbaren Meeresstränden und Urwäldern, hörten wir noch lange das Rascheln der Haselnussblätter, der Erlen, des Holunders, des Ahorns. Es ähnelt dem Rauschen von Meereswellen – nie vorhersehbar, mal lauter, mal leiser, mal wogend, dann wieder eine endlose Ruhe ausstrahlend.

Der Kampf beginnt von Neuem

Fèro hatte einen Entschluss gefasst. Er würde seine Erkenntnisse und Funde der Allgemeinheit zur Verfügung stellen: als Zeugnis eines Menschen, der untrennbar mit der Natur verbunden ist. So wie es für ihn immer wichtig war, die Kräuter der Berge zu verschenken.

„Die Natur erlaubt uns nie, etwas zu besitzen. Uns ist es nur vergönnt, sie für kurze Zeit zu berühren. Mit dem Tod müssen wir sie wieder lassen."

Fein säuberlich ordnete er alles bei sich zu Hause. In seinen Augen hatte er nichts Weltbewegendes oder Großartiges vollbracht. Dennoch fühlte er, dass er tiefer in die Vergangenheit hineingewandert war als die anderen, die er kannte. Er wollte dieses Erlebnis teilen. Doch es sollte anders kommen.

Fèro erzählte erschüttert: „Am 21. August 2012 nachmittags wanderte ich zur *Malga Tuena*. Was ich plötzlich sah, versetzte mir Messerstiche. Ich traf auf eine neue Straße zu den Almen. Bagger, die mit pneumatischen Hämmern die Felsen zertrümmerten, zerstörten all die Fossilien, die in den Steinen liegen: Ammoniten, Belemniten, Megalodon, Pecten, Natica und viele andere – für immer verloren!" Er war fassungslos. Verbittert vermerkte er in seinen Notizen: „Wir haben dieses Gebiet unter Schutz gestellt! Wir sollten es mit Wertschätzung behandeln. Es wurde zum Naturerbe der Menschheit erkoren. Aber kaum einer will sehen, was dort passiert!"

Zum wiederholten Mal zogen im Naturpark *Adamello-Brenta* schwere Fahrzeuge und Planiergeräte auf. Sie rissen, wie Wunden, große Schneisen durch die Landschaft. Alles geschah unter dem Deckmantel einer dringend zu errichtenden Wasserleitung für die höher gelegenen Almen.

„Die über einen Kilometer lange Spur durchschneidet eines der schönsten und unberührtesten Gebiete des Naturparks – ein Königreich der Murmeltiere und einstiger Weidegrund der Gämsen, die jetzt zum größten Teil verschwunden sind", prangerte Fèro an.

Er wurde nicht müde, diese Meinung allen gegenüber zu betonen, bis sich endlich die Öffentlichkeit und auch Umweltschutzverbände zu rühren begannen. Franco de Battaglia, einer der renommiertesten Denker im Trentino, schlug sich ganz und gar auf die Seite des Waldmenschen: „Hinter diesen gerissenen Heucheleien verbirgt sich ein Angriff, um alle Werte der Landschaft zu zerstören, um sie zu einem mechanisierten Hinterland zu machen. Der Berg ist der Raum, wo der Mensch und die freie Natur zusammenarbeiten und sich, zu einem Gleichgewicht aufgebaut, hinsichtlich Geschichte und Traditionen ergänzen sollten."

Die Zeitungen begannen zu schreiben. Umweltverbände stellten sich quer. Fèro konnte zufrieden sein. Und er war es auch. An einem Abend ging er gelassen und mit innerer Ruhe in seine Bar in Tuenno, um sich ein gutes Glas Rotwein zu genehmigen. Plötzlich erschienen zwei Forstleute.

Sie fuhren ihn an: „Seit wann hat es dich auf diese Seite verschlagen, du angeblicher *Wächter der Landschaft?*"

„Ich bleibe auch dann Beobachter meines Bodens, wenn ihr in Ferien seid – oder nicht sehen wollt", antwortete Fèro gelassen.

„Wir werden auch dich noch zur Räson bringen!", entfuhr es einem von ihnen lauthals und voller Wut.

Einige Gäste beschwerten sich.

Spätabends schrieb Fèro zu Hause nieder: „Ich drehte mich seelenruhig ab, um mir mein Glas Rotwein munden zu lassen."

Doch die Ruhe sollte nicht lange währen. Eines Tages begehrten Beamte Einlass in Fèros Haus. Sie beschlagnahmten all seine Fundstücke. In kürzester Zeit rafften sie Hunderte von Erinnerungen zusammen. Die Objekte verschwanden in Trient, den Depots des *Museo di Scienze Naturali.* Es war, als sollte kein Stein mehr an jenen Mann erinnern, der aufgebrochen war, um tiefer in die Natur und die Zeit zu gelangen als andere.

„Es gibt so viele Neider. Sie verhalten sich würdelos jenen gegenüber, die sich für die Erhaltung ihrer Heimat einsetzen. Sie gleichen dem Kuckuck, der seine Eier in die Nester anderer legt", so berichtete mir Fèro. Er ahnte gleichzeitig, was nun kommen würde: „Es ist wie die Ruhe vor dem Sturm. Die Blitze der Stadt Trient versuchen mich mehr und mehr zu treffen. Aber die Angst ist nicht meine Schwester. Die Natur gab mir ein Geschenk: sie lesen zu können. Ich werde den meinen dieses Geschenk vermachen – damit auch sie die Mutter Erde schützen!"

Die Geschehnisse um die Kämpfe des Mannes vom Tovelsee gegen die Lobbyisten aus Politik, Behörden und Wirtschaft wurden immer bekannter. Dennoch war es, als könne keiner mehr etwas ausrichten, um die Vernichtung der Natur zu verhindern. Viele erinnerten sich an Fèros Aufbegehren gegen die Straße durch die *Gola* und die Zerstörung der Blumenwiesen, an seine Einsprüche gegen die überdimensionierte Erschließung der Wildnis. Mahnmale aus früheren Zeiten wurden wieder lebendig: als Motorboote über den Tovelsee rasten und Unrat, Abwässer und Spülmittel von am Ufer widerrechtlich erbauten Hütten in das klare Wasser geleitet wurden.

Einzigartig und noch immer in vielen Werbebroschüren präsent ist – wie so viele vergangene Bilder einer ursprünglichen Wildnis – das frühere Phänomen der blutroten Verfärbung des Sees. Sie wurde von Forschern auf das massive Auftreten einer eigens nach dem Tovelsee benannten Alge, *Tovellia sanguinea*, einem einzelligen Dinoflagellaten, zurückgeführt.

Die Führer der Gegend erzählen dazu bis heute den Fremden ausschweifend die Sage von Prinzessin Tresenga. Die Touristen hören der Geschichte gerne zu. Die Prinzessin wies das Werben des Königs Lavinto so lange zurück, bis er sie mit der Macht seiner Soldaten zum Einlenken zwingen wollte. Es folgte ein allgemeines Morden, dem schließlich tragischerweise die Prinzessin durch die Hand des Königs selbst zum Opfer fiel. Die Sage will, dass sie tödlich verletzt in den Tovelsee fiel – und dieser sich als mahnende Erinnerung an die Schandtat seitdem immer wieder blutrot färbte.

Allerdings trug sich dieses viel bestaunte, ganz natürliche und einzigartige Ereignis 1964 zum letzten Mal zu. Seit jenem Jahr färbt sich der Tovelsee nicht mehr rot. Das Blut der Prinzessin musste wohl den eingeleiteten Giftstoffen weichen. Einige fragten sich damals, nachdenklich werdend: „Wie konnten wir ein solches Umweltdesaster nur zulassen? Wie konnten wir so ignorant und kurzsichtig sein?" Doch wer schreitet vom Fragen zum Tun?

„Ich bin ein alter Mann", sprach Fèro, der diese Geschichte natürlich kannte. „Ich denke immer wieder darüber nach, was mit der Natur geschieht. Eine Straße, die in die Wildnis gebaut wird, um einige einsame Hütten besser zu erreichen. Wasser- und Stromleitungen, die verlegt werden. Ein asphaltierter Parkplatz. All das soll Nutzen bringen." Er blickte mich an und fragte: „Aber wem bringt es Wohl?"

Der Lohn eines Naturmenschen

Stillschweigend saß Fèro neben mir. Je näher wir gegen Bozen kamen, desto unruhiger wurde er. Wir fuhren an neuen, hohen Fabriktürmen vorbei, bis wir zu weniger hohen, alten Kirchtürmen gelangten.

„Die viele Technik ist nichts für mich", bestätigte er sich selbst.

Alles war ihm zu hektisch. Die vielen Ampeln und Maschinen irritierten ihn. Viel zu viel war zubetoniert. Die Gegend vermittelte ihm zu wenig Freiheit.

Wir waren amtlich aufgefordert worden, unsere Gänge in die Natur vor Gericht zu verantworten. Da das nicht das erste Mal war, kam es uns fast schon wie eine Gewohnheit vor. Die angedrohten Gefängnisstrafen schreckten uns so wenig wie ein Dinosaurier aus Plastik. Ärgerlich machte uns aber, dass wir Gefahr liefen, gerade der Banalität eines Gerichtsverfahrens unnötig viel Zeit opfern zu müssen. Mit solchen Unwichtigkeiten wollten wir nicht unser Denken und unsere Zeit füllen.

„Niemals wurden die Völker der Berge, die seit Jahrhunderten in Frieden mit der Natur lebten, dermaßen von den Herren der großen Städte geknechtet wie heute", argumentierte Fèro. „Um Autostraßen, Tunnels, Skipisten zu bauen, hat man sich nicht allzu viele Gedanken gemacht. Aber um mich von meinen Gängen in die Natur abzuhalten, beschäftigen sie ein Meer von Bürokraten." Er hatte seine Gelassenheit verloren. „Leben in der Wildnis, meinen sie, bedeute Landstreicher zu sein. Sie setzen Gesetze und Regeln gleich mit einem vorgeschriebenen Leben in der Stadt."

„Schau dir die Denkmäler an. Sie huldigen Landesvätern und Herrschern. Wer aber erinnert sich der Knechte, die all das erst unter Peitschenhieben ermöglichten?", antwortete ich. Nach einigen Minuten kam mir in den Sinn: „Jeder Baum gräbt seine Wurzeln in Freiheit. Noch immer holen manche ihre Kräuter aus den Wäldern. Und viele sehnen sich im Herzen nach der Wildnis. Warum und für wen wird dann aber immer mehr der einstigen Wildnis zu Stadt gemacht?"

Fèro blickte aus dem Fenster und sagte: „Nomaden der Wildnis werden mit Tieren gleichgestellt." Nach einer längeren Pause meinte er: „Es gibt kein höheres Lob für solche Menschen!"

Einerseits sehnen sich viele Menschen nach einem „wilden und freien Leben". Andererseits akzeptieren sie gleichzeitig ein zusammengepferchtes Dasein in den Städten als notwendiges Übel, für eine zeitlich begrenzte Spanne. Es schlägt ihnen aber irgendwann doch auf den Magen. Dennoch akzeptieren sie unter Umständen eine lebenslange Qual, anstatt alles daranzusetzen, ihre Lage endlich zu verbessern. Hat jemand lange währende Magenschmerzen, sucht er gewöhnlich einen Arzt auf und bemüht sich um Heilung. Weshalb tun das so wenige, wenn es um die Bewahrung oder die Heilung der Wildnis geht?

Fèro hatte seit Langem mit den Obrigkeiten abgeschlossen. Er brauchte sie nicht mehr. Insgeheim hoffte er, dass es umgekehrt genauso der Fall wäre. Er hielt mir ein Stück Karton entgegen. Ich erkannte einige mit Bleistiftschrift gekritzelte Zeilen.

„Das hier ist nicht meine Heimat.
Meine Heimat ist dort, wo nicht ich rede.
Wo die Wildnis es für mich tut,
die mich anspricht
mit ihren Zeichen

und Spuren,
die immer mehr verschwinden.
Der Mensch,
ohne Mitleid und voller Raffgier,
hat die Spuren der Wildnis
mit den seinen getauscht."

Ich ließ jede Zeile in meinem Geist zerrinnen. Wie selten zuvor, versuchte ich Inhalt und Botschaft in mich aufzunehmen und zu ergründen. Viele Tage, an denen ich den Kräutersammler, den Kräuterweisen begleitet hatte, kamen mir dabei in den Sinn. Auch sein Kampf für eine andere, „bessere" Welt.

Seine Worte brachten mich in die Gegenwart zurück: „Der Lohn unserer Arbeit war sicher nicht ‚null', wie sie uns glauben machen wollten. Oder ‚wertlos', wie sie es nach dem Denken unserer Gesellschaft einschätzen."

Er zeigte sich kämpferisch und war sich sicher. – Das Gerichtsverfahren dauert bis heute an.

In die Natur finden – zu sich selbst finden

Einmal wanderten wir über die Fläche des über 2000 Meter hoch gelegenen *Val Nana*. Fèro ließ seinen Blick schweifen. Dann meinte er: „Heute entscheiden über die Wildnis nicht jene, die über unsere Erde schreiten, sondern jene, die nicht einmal wissen, wie viele Tiere und welche Pflanzen in den Wäldern leben. Diese Theoretiker wissen nichts von Bräuchen oder einem Leben in Harmonie mit der Natur."

Unten im Tal tobten die Schlachten von Interessenvertretern, Lobbyisten, Geschäftemachern. Es wurde gestritten, argumentiert, intellektuell entschieden. Um was geht es dabei? Letztlich stets um den eigenen Profit – koste es, was es wolle. Doch kaum ließen wir die *Malga di Culmei* hinter uns, um uns dem *Lago delle Salare* zuzuwenden, nahm uns die Mutter Erde in ihre Arme. Wir traten in das Gebiet aller, in die Gemeinschaft des Lebendigen.

Noch einmal kam zwischen uns der Gedanke auf, dass sich Menschen, die von irgendwoher kommen, anmaßen, über unsere Wälder zu entscheiden. Dass diese Menschen nicht im Mindesten Interesse an dem haben, was in diesen Wäldern oder auf den Wiesen lebt und wächst. Dann verschwand dieser graue, kalte Gedankenschleier mehr und mehr. Unsere Augen öffneten sich vollkommen für die Natur um uns herum.

Im *Val Nana* wächst der Furchen-Steinbrech. Er krallt sich förmlich in die Felsen. In nächster Nachbarschaft finden wir das Kriechende Gipskraut. Wer die Gabe hat, diese Pflänzchen zu entdecken, und sie beobachtet, staunt, wie wenig Humus sie für ihr Sein benötigen. Von ihnen könnten wir Bescheidenheit lernen. Auf den Almflächen strahlt es uns in allen leuchtenden Farben entgegen – in dieser kargen Region bildet sich eine schier unbegreifliche Fülle an Lebensformen und Farben: die Alpen-Aster, Scheuchzers Glockenblume, der Alpen-Pippau, der Fransen-Enzian, das Fuchs-Greiskraut, der Berg-Löwenzahn, die Silber-Distel – die ihre Blüte schließt, wenn sich das Wetter ändert –, die Alpen-Skabiose, die Moschus-Schafgarbe, die Alpen-Hauswurz und an ausgesetzten Hängen das Edelweiß, die Symbolblume der Alpen.

Immer wieder trafen wir auf den leicht giftigen Seidelbast und den hochgiftigen Blauen Eisenhut. Die Stoffe dieses geheimnisvollen, violett leuchtenden Gewächses sind in der Lage, eine Vielzahl von Lebewesen innerhalb kurzer Zeit zu töten. In früheren Zeiten wurden sie zu diesem Zweck auch gezielt verwendet. Auf eher versteckt liegenden Plätzen fanden wir die rosarot blühende, nicht minder geheimnisvolle Berg-Esparsette, eher verborgen und unscheinbar natürlich auch die große Heilpflanze Augentrost, die hier oben erst im späten Sommer blüht. Seit Urzeiten heilen ihre Naturkräfte die verschiedensten Augenleiden.

Die Wildnis ist geheimnisvoll. Demjenigen, der sich ihr mit Respekt und Liebe nähert, offenbart sie sich. Sie ist eine großzügige Schenkerin. Nur wenige wissen, dass im Inneren der Felsen vom *Sasso Rosso* über die *Cima Nana* bis hin zum *Monte Peller* auch heute noch urzeitliche Ammoniten und Brachiopoden hausen. Nur die Murmeltiere, die sich zu ihnen graben, besuchen sie. Sie sind die eigentlichen Eingeborenen, bezogen sie doch schon lange vor der Ankunft des Menschen hier Quartier.

Diese Erdbewohner verstehen unsere Welt wohl nicht, und wir nicht die ihre. Jäger sagen, ihr Fleisch rieche förmlich nach Erde. Im Kreislauf der Jahreszeiten sammeln sie den Sommer über Kräuter und ziehen sich gegen den Herbst hin für den Winterschlaf in die Tiefe zurück. Sie sind vollkommen freie Lebewesen – und perfekt mit ihrer Umwelt verbunden. Sie brauchen keine Spezialkleidung, um im Hochgebirge zu überleben, auch keine Armbanduhren, um die Tages- und Jahreszeiten zu kennen. Sie wissen, wenn der Winter naht und wann es Zeit ist, wieder zurückzukehren an das Licht der Sonne. Sie kennen die Kräuter und Wurzeln der Almen und Hänge wie kaum ein anderes Tier.

„Nur wenige haben Augen dafür und die Neugierde, wie sich die eine Blume von der anderen unterscheidet", bedauerte Fèro. „Nur der, der sorgsam die gleiche Bergwiese mit ihrem Wandel im Lauf eines Jahres betrachtet, wird zum Kenner. Er erkennt immer mehr die sich verändernden Nuancen. – So jemand wird dann anders vom Blumensommer erzählen."

Etwas später, als wir kurz stehen blieben, meinte er: „Kräuter erforschen, heißt Gegend und Gesundheit kennenzulernen. Es geht darum, bewusst nach ihnen zu suchen. Sie zu verstehen. Man braucht nicht in Australien und Afrika gewesen zu sein, um das Wesen eines Baumes zu erfahren. Oder die Stimmung eines Tieres. – Wir sollten uns den Lebewesen wie den Steinen nicht einzig mit Gedanken nähern, sondern auch mit Gefühlen."

Ich erinnerte mich meiner Kindheit, als ich mit meinem Vater durch die Wälder zog und den Ruf des Kuckucks hörte. Sein „Gukuh" animierte meinen Vater, mich darauf hinzuweisen, mir etwas zu wünschen, das dann in Erfüllung ginge. Mit großen Augen glaubte ich dem. Auf diese Weise wuchs ich von Kindheitstagen an vertrauensvoll in die Bildsprache der Naturmythen und ihre seelische Kraft. Derartige Episoden bleiben ein Leben lang im Gedächtnis. Manche Vorstellungen überdauern die Zeit besser als andere. Es ist, als läge eine Kraft in ihnen, die mit der Lebendigkeit der Natur zu tun hat. Das Abstrakte und Konstruierte der Zivilisation ist im Vergleich dazu schal und leer.

Wären unsere Augen auf der Wanderung durch das *Val Nana* auf einen Geldschein gefallen, wir hätten ihm keine Wichtigkeit beigemessen. Gegebenenfalls hätten wir damit ein Feuer angezündet. In solchen Augenblicken wird deutlich, wie wenig man zum Leben braucht.

Viele Menschen lesen gerne Bücher über Heilpflanzen, über ein Leben in der Natur, über gesundes Essen. Sie glauben, dies genüge, um dazuzugehören. Gleichzeitig lassen sie es zu, dass sich ihre Seele immer mehr von ihrem Tun entfernt. Hält ihr Besitztrieb sie gefangen, während sie vom Anderssein träumen? Manche von ihnen blicken vielleicht sogar mit Bewunderung auf die wenigen, die es wirklich geschafft haben, „anders zu sein" – oder: sie selbst zu sein. Und dann gibt es auch jene, die offenbar neidisch sind und verächtlich. Sie nennen die, die konsequent ihren eigenen Weg gehen, dann „verrückt", „weltfremd", „wahnsinnig" oder „unruhestiftend".

Vielleicht ist es auch nicht einfach für sie, zu spüren, dass andere bereits dort sind, wo sie vielleicht selbst sein wollen. Liegt für manche Menschen in der Kritik und Abwertung anderer ein Schutzmechanismus verborgen, der verhindert, dass sie sich der Mühe unterziehen, aus dem Gefängnis der Zivilisation auszubrechen? Wer sich auf den Weg macht und die ersten Schritte geht, kann eines Tages in eine eigene tiefe Verbindung mit dem Wesen der Natur jenseits der Zeit gelangen – und dadurch auch mit eigenen Wesensanteilen. Am Beginn dieses Weges steht die Wahrnehmung des anderen oder Andersartigen in Wertschätzung und Demut.

Gerade im *Val Nana* gibt es Wahrnehmungen, die allein mit den Sinnen nicht erklärbar oder fassbar sind. Sie stehen dem Unaussprechlichen nahe. Die an subtiler Naturbeobachtung geschulten Sinnesleistungen und Denkanstrengungen sowie das Beteiligtsein der Gefühle führen dorthin. Wir konnten auf unseren Wanderungen immer deutlicher Geräusche wahrnehmen, die seit Urzeiten bestehen und sich niemals ändern. Die „normale" Wirklichkeit tritt dann zurück und vermengt sich mit anderen, neu zu ergründenden Welten. Man muss seelisch gerüstet sein, um damit klarzukommen. Eine „zeitlose Stille" zu ertragen, mussten wir erst langsam erlernen. Sonst ist sie ohrenbetäubend und nicht auszuhalten.

Wie wir uns gemeinsam in solchen Dimensionen bewegten, näherten wir uns einem riesig wirkenden Amphitheater, das die Natur aus abgelagerten Schichten vergangener Zeiten aufgebaut hatte. Von der Ferne aus betrachtet glaubten wir, es wäre ein Leichtes, darüberzuklettern. Von Nahem aber erkannten wir zu unserem Erstaunen turmhohe Felsblöcke. Dann wiederum vermuteten wir, eine bestimmte Wand niemals erklimmen zu können. Doch standen wir davor, stellten wir zu unserem Erstaunen fest, dass leichte Fußwege hinaufführten. Derart wurden wir immer wieder getäuscht. Wir merkten, wie wir noch immer Schüler der Mutter Natur waren.

Die Herausforderungen bleiben. Das ganze Leben, jede Erfahrung ist eine Schulung dafür, immer mehr in die Freiheit zu kommen, immer mehr das vermeintlich Normale mit seinen festgezurrten Regeln und unnatürlichen Gesetzen zu überwinden. „Nur allein von dieser Zeit, doch nicht von der vergangenen und noch weniger von der zukünftigen, erlangt ihr Kenntnis", schienen uns die Steinplatten zuzuraunen. Und dann: „Es sei denn, ihr überspringt die Zeit."

Tief in Gedanken darüber versunken, wanderten wir schweigend weiter.

Das behördliche Verbot, in die Wildnis zu gehen

Der Lärm von Lastwagen dröhnte. Große Bagger wurden herangekarrt. An der Schutzhütte *Monte Peller* fraßen sie sich in den Boden – Elektroleitungen wurden gelegt: für weithin leuchtende Lampions, um abendlichen Gästen den Besuch der Hütte zu ermöglichen. Der Lärm der Zerstörung erschütterte die Hochfläche des *Val Nana*. Wieder fiel ein Stück des gesunden Landes der Zivilisation zum Opfer.

Fèro war die schleichende und massive Zerstörung „seiner" Landschaft bewusst, er hatte es vorhergesehen – und er behielt auch mit anderen dunklen Ahnungen Recht: Im Geheimen wurden ausgefeilte Pläne geschmiedet, den störrischen Waldmenschen ein für alle Mal zum Schweigen zu bringen. Ihn aus seiner angestammten Gegend zu vertreiben. Damit endlich und ein für alle Mal Ruhe einkehrte. Das Ziel dessen war klar: weitere zerstörerische Bauten ohne Aufsehen durchführen zu können. Zu gefährlich schien er den „Entscheidungsträgern" mit seiner kämpferischen und beharrlichen Art zu sein – zu unbequem waren seine Gedanken, die er frei und öffentlich äußerte.

„Wer in die Wildnis will, muss es immer von sich aus tun. Er wird nie dazu eingeladen. Bei politischen Versammlungen dagegen wird man hofiert. Ich bin der Meinung, dass gewisse Gebiete unserer Gegend nur von jenen Personen betreten werden dürfen, die über Tiere, Pflanzen und Steine Bescheid wissen. Was brauchen wir die Regierenden? In regelmäßigen Abständen betteln sie um unsere Stimme. Dabei versprechen sie das Blaue vom Himmel und andere Dinge, die sie niemals imstande sind einzuhalten."

Was könnten wir alles in der Gesellschaft verändern, würden wir solche Gedanken in die politische Diskussion einbringen! Sollten nicht jene ein Land regieren, die lange genug seine Gegenden beobachtet und intensiv studiert haben – bis sie schließlich durch die dadurch erlangte Weisheit erst dazu befähigt sind, die Verwalter dieses Gebietes und der sozialen Abgelegenheiten zu werden? Doch wir vertrauen unser Wohl den lautesten Marktschreiern an, nicht den Weisen, den „Senatoren" und „Königinnen des Herzens", den alten, weisen Männern und Frauen.

Wäre es nicht besser für das wahre Wohl aller, wenn wir jene Regierenden, die niemals die „Schule der Erfahrung" bestanden haben, von ihren Machtpositionen vertreiben würden? Sollte der Lenker einer Gemeinschaft nicht eher der Hirte sein, der zeit seines Lebens das *Val Nana* durchstreift hat, um Wissen zu sammeln? Oder die Kräuterfrau, die weiß, welche Kräfte in der heilen Natur verborgen sind? Es gäbe keine Besseren. Nie würden sie das Land ausbeuten, nie etwas wegnehmen, das wir nicht wirklich zum Leben benötigen. An ihrem Beispiel würden wir jene Selbstgenügsamkeit lernen, die wir heute brauchen.

Nur wenige Menschen sind so weit, solchen Gedanken einen Raum zu geben, um in der Gesellschaft zu wirken. Zumindest scheint es so. Sonst würde es in unserer Gesellschaft anders aussehen. Umso mehr war Fèro den Behörden ein Dorn im Auge.

Anfang September 2012 drangen Forstbeamte mit ihren Geländeautos bis in das *Val Nana* vor. Sie fanden dort jenen alten Mann, den sie suchten. Fèro saß mutterseelenallein da und betrachtete Steine. In der ihm eigenen Art schien er einem anderen Zeitalter anzugehören.

Er erzählte mir, was damals geschah: „Mein Ziel dieser Tageswanderung war es, einige versteinerte Muscheln aus den Felsen zu lösen. Plötzlich gewahrte ich zwei Personen, die mit Pistolen bewaffnet waren. Es waren jene beiden, die mich in der Bar in Tuenno bedroht hatten. Ohne sich mit Namen vorzustellen oder auszuweisen, herrschten sie mich sofort an: ‚Was hast du gefunden?' Ich antwortete ihnen ruhig: ‚Eine Handvoll Muscheln. Sie liegen auf dem Stoffsäckchen.' Darauf forderten sie mich barsch auf: ‚Gib sie uns! Sofort!'"

Sie unterstellten ihm, ein *bracconiere*, ein *Wilderer* zu sein. Später gaben sie zu Protokoll, einen „Plünderer der Natur" gestellt zu haben. Fèro hatte die beiden Forstbeamten erst im letzten Augenblick kommen sehen. Doch hätte er sich auch nicht ablenken lassen, wenn er sie früher bemerkt hätte.

Die beiden Männer durchsuchten ihn. Sie nahmen ihm alles ab, was nur im Entferntesten mit Natur zu tun hatte. Der Waldmensch stand dabei aufrecht und fest auf dem Boden. Fèro erkannte schnell, dass sie ihn vor Gericht bringen würden – und er nicht freigesprochen werden würde. Sie würden ihn verurteilen, weil er in einigen kleinen, wertlosen Steinen, die ihm selbst kostbar sind, die Geheimnisse des Lebens erkennen wollte.

Fèro stellte fest: „Es ist kein großes Unglück, jemandem etwas Gutes zu tun, der es nicht benötigt. Entsetzlich aber ist es, den Unehrlichen etwas Gutes zu tun."

Wie lässt sich das menschenverachtende Verhalten so mancher Staatsdiener und Beamten verstehen? Das Festkleben an Direktiven oder Normen bis in die Entwürdigung hinein. Wie kann man sich dem nähern?

Es gibt viele Arten, das Leben zu füllen. Einigen Leuten behagt es, die Natur zu erfassen. Es ist ein Drang in ihnen, sich auf die Suche nach Wissen zu machen, um den eigenen Horizont und den anderer Leute zu erweitern. Andere wiederum wollen Polizeibeamte sein. Sie stellen auf rechtschaffene Weise – von den augenblicklichen Gesetzen legitimiert – Strafen aus. Sie haben sich für ein Beamtenleben entschieden, weil dies ihrem Charakter entspricht: die Befolgung der Gesetze zu kontrollieren. Hätten sie andere Begabungen – sie wären vielleicht wie Fèro geworden.

Das Ereignis im *Val Nana* wurde bekannt. Einen Journalisten der Zeitung *Il Trentino* vom 19. September 2012 befremdete die Angelegenheit äußerst: „Es versetzt vor allem die Tatsache in Erstaunen, dass es sich beim Verursacher der Räuberei um einen der bekanntesten und unermüdlichsten Verteidiger der Berge handelt, der von vielen als ‚Heiliger der Naturerhaltung‘ gesehen wird; vielfach wurden vom Täter letzthin Zerstörungen im Naturpark angeprangert." Auch einige andere erkannten Fèros Mut an, bei der Verteidigung eines besseren Lebens immer und immer wieder gegen eine Übermacht von Gegenkräften anzutreten.

Dennoch: Die Mehrheit beharrte darauf, dass es sich bei Fèro um einen skurrilen Verrückten handelte, der seine psychischen Probleme damit lösen wollte, sein Heil in der Natur zu suchen. Sie meinten, solche Art von Leuten gäbe es in jeder Gesellschaft, wobei man dann aber bald nie mehr etwas von ihnen hörte. Allerdings konnten sie nicht umhin, einzugestehen, dass es so manchem von „diesen Verrückten" gelang, aufgrund einzigartiger und bedeutender geistiger oder anderer kultureller Leistungen in das kollektive Gedächtnis der Menschheit einzugehen.

„Ich habe die Natur nie beraubt. Ich rufe sie als Zeuge der Korrektheit meines Betragens auf", wurde Fèro nicht müde zu betonen. Auch wenn er wusste, dass das viele überhaupt nicht interessierte.

Er betrachtete die ihm auferlegten Geldstrafen sogar als Auszeichnung. Nachdem er die behördlichen Vorhaltungen angehört und gelesen hatte – und er sie danach auch wieder schnell vergaß –, zog es ihn ohne sich beirren zu lassen wieder in die unerforschten Einsamkeiten der Wildnis. Er hatte sich über die Illusion hinwegentwickelt, dass Paragraphen die Freiheit des Menschen oder die Wildnis schützen könnten.

„Ein Nichtuntertan ist für die Gesellschaft wertvoller als der Angepasste", war Fèro überzeugt.

Nur jener, welcher die staatlichen Mechanismen hinterfragt, trägt zu einer kulturellen Weiterentwicklung bei, wusste er. Die Masse der Menschen glaubt, im Umgraben ganzer Landschaften Gold und damit das Glück zu finden. Sie durchlöchern Berge und schlagen öde Schneisen in die Landschaft. Die Planer und Ausbeuter im Hintergrund machen den Arbeitern weis, sie würden für den allgemeinen Wohlstand schuften – dafür ihre Gesundheit, ihr Wohlbefinden, gar ihr Leben aufs Spiel setzend. Fèros Ansatz war ein anderer.

„Lasst Arbeit keine Pflicht werden, sondern zu einem Fest. Lasst uns arbeiten, um unsere Kreativität zu zeigen. Nicht Geld befriedigt, sondern Liebe zum ehrlichen Tun, zur Natur, zum Menschlichen."

Wie von Dämonen gelenkt glauben aber doch so viele „moderne" Menschen, für Geld irgendeine mehr oder weniger sinnlose Arbeit zu tun, sei die einzig richtige Lebensweise. Fèro empfand es bis in sein Seelenmark hinein, dass die Gesellschaft gerade dann zutiefst ins Unglück sinkt, wenn sie sich am glücklichsten wähnt. Er spürte die schlechten Schwingungen, die die Konsumgesellschaft, die ein Leben ohne eine echte Kultur mit sich bringt. Die Mahner dessen werden heute gebrandmarkt, bedroht und verurteilt.

„Die selbst ernannten Guten lachen zu laut über die von ihnen bestimmten Bösen und Verückten. Im vermeintlichen Wahnsinn liegt oft die Wiege des Wissens."

Im Tagestakt erreichten ihn nun Strafbescheide, sogar mit Haft wurde ihm gedroht. Er freute sich über jede einzelne dieser staatlichen Agitationen. Denn er erkannte in ihnen die immer größer werdende Ohnmacht der „Vertreter" seines Landes ihm gegenüber. Sie verboten ihm alles: zu suchen, zu forschen, in die Natur zu gehen, sich überhaupt mit der Wildnis zu beschäftigen.

Als ich ihn in dieser Zeit besuchte, hatte ich das Gefühl, jede Androhung von Gefängnis und Strafe machte ihn weiser und ließ ihn umso mehr über den Dingen stehen, als er es sonst hätte leisten können. Seine Prinzipien wurden fester, seine Aussagen klarer.

„Wo bleiben die Fürsprecher für die Wildnis? Wo bleiben die vielfach erwähnten Naturschutzbehörden?", erhob er mit einem Hauch von Trauer seine Stimme. „Wer mit einfacher Kleidung und Rucksack, in dem er Brot und Äpfel verstaut hat, durch die Wälder zieht, macht sich heute verdächtig. Wer mit schwerem Gerät und allerlei technischer Ausrüstung gesehen wird, dem nimmt man ab, Wichtiges im Sinne der Allgemeinheit erledigen zu müssen", erkannte er.

Tage und Monate war er durch die Zeit gewandert und hatte zwischen den Tausenden von Felsschichten niemals ein versteinertes Papier entdecken können, das irgendjemanden verpflichtet hätte, nicht mehr in die Natur gehen zu dürfen. Er hatte Vulkanausbrüche gesehen, Tsunamis, fürchterliche Stürme, die auf einen Schlag millionenfaches Leben beendeten – aber nirgendwo Geldscheine, Taifune aus Banknoten oder Erdbeben aus Gesetzesparagraphen.

Das Leben des Waldmenschen vom Tovelsee

Gesetzt den Fall, wir träfen in einer abgeschiedenen Gegend auf einen Mann, der tagein, tagaus, viele lange Jahre seines Lebens nichts anderes tut, als Kräuter aufzuspüren und sich zu fragen, wie sie den

Menschen zu besserer Gesundheit verhelfen können. Der monatelang nichts anderes macht, als Felsen zu betrachten, um ihre Geheimnisse kennenzulernen. Wahrscheinlich würden wir den Kopf schütteln und ihn als einen Verrückten abtun. Mütter würden ihren Töchtern abraten, sich mit diesem Mann einzulassen. Väter würden ihre Söhne warnen, mit ihm Kontakt zu pflegen.

Gesetzt den Fall, dieser einsame, „verrückte" Mann entdeckt eines Tages Pflanzen und Steine, die dem Wohl der Gesellschaft dienen und sogar Krankheiten heilen. Die uns kulturell weiterbringen. Ab dem Augenblick würde sich vielleicht so manch einer auf diesen Menschen stürzen, ihn zum Gauner und Gesetzesbrecher machen, ihn mit allerlei Hinweisen auf „Recht und Gesetz" vertreiben – um auf diese Weise selbst in den Besitz der Entdeckungen zu gelangen. Und wozu das alles? Um damit Geld zu machen, Einfluss über die Schätze und Kräfte der Natur zu haben, Macht über andere auszuüben. Diese sinnlose und zerstörerische „Logik der Ausbeutung" ist ein Teil des modernen Lebens geworden.

Wer sich mit der Geschichte des Kräuterweisen und Waldmenschen Fèro beschäftigt, gerät schnell ins Staunen und Fragen. Wie kann es sein, dass sich ein so großer Widerstand gegen einen alten Mann aufbaute, der nichts anderes tat, als in der Wildnis zu sein, zu forschen und im Tun wie im Reden der Stimme des Gewissens gehorchte? Würde dieser Mann in einem fernen Land leben – schnell wären bei uns die Stimmen laut, die ihn als einen Helden bezeichnen, die ihm als Freiheitskämpfer einen Orden der Menschlichkeit und des Mutes verleihen würden.

Fèro bekam keine Orden – doch hat er ganz offenbar Bedeutsames erkannt. Je höher die Strafen wurden, je arglistiger und gewalttätiger seine Gegner wurden, desto wertvoller mussten seine Entdeckungen offenbar sein. Der *Wächter der Landschaft* glich einem Rufer in der Wüste. Seine Aufrufe verhallten – und wirkten dennoch.

Die Wanderungen durch die Zeiten waren nicht umsonst, ebensowenig seine Kräutersuche und sein Einsatz für den Schutz der Wildnis. Fèro war weiter gekommen als viele andere – in der Entwicklung seiner eigenen Seele wie auch im Studium der Natur. Und vielleicht auch als echtes Vorbild für jene Menschen, die in sich den Puls der Freiheit und Unabhängigkeit spüren. Er schaute immer tiefer und immer weiter. Jede Strafe und jede Ächtung nahm er wie einen Lohn für seine Bemühungen, wie eine Bestätigung dafür. Aufrecht und frei ging er durch die Straßen.

Wir spazierten am Tovelsee entlang in Richtung der *Gola*. Im smaragdgrünen See spiegelten sich aufrecht, frei und zeitlos die Berge. Neben uns reichten die Hänge Dutzende von Meter in die Tiefe. Eine Unsicherheit, eine falsche Bewegung und wir hätten das Dasein gewechselt. Fèro schritt trittsicher und in Harmonie mit dem Sein neben mir. Er blickte nach vorn und meinte dabei: „Ein Wanderer durch die Wildnis ist nie allein. Tausende Erinnerungen und Gesichter begleiten ihn."

Ich ließ den Satz verhallen. Die Mutter Erde nahm ihn auf. Zeitlos, uns treiben lassend und doch mit einem Ziel vor Augen, gingen wir weiter.

Irgendwo in der *Gola*, Stunden später, setzten wir uns auf einen Felsen. Wir ließen stumm die alte Landschaft auf uns wirken. Fèros Blick verlor sich in der Ferne. Unaufgefordert und ohne mich anzuschauen begann er zu reden – seine Worte waren das Vermächtnis des letzten Naturweisen der Dolomiten.

„Ich bin ein Mann der Berge, der mit der Natur und in der Natur lebt und Ehrfurcht vor ihr zeigt. Ihr habt mich ohne Respekt und ohne Menschenverstand bestraft, als ich mich mit den Bienen beschäftigte, als ich mit diesen Lebewesen meiner Landschaft sprach.

Die Natur kann nicht mit euch sprechen, weil ihr ihre Feinde seid. Schreibtischwissenschaftler seid ihr. Als ich zu meinem Haus am Tovelsee zurückkehrte, habt ihr mich wieder bestraft. Dreist habt ihr mein legitimes und unantastbares Recht auf Heim und auf Heimat missachtet.

Als ich durch die Wälder wanderte und die Felsen betrachtete, sah ich den Abdruck von Pflanzen auf den Steinen. Ich glaubte, dass sie wichtig sind, um die Entwicklung meiner Heimat und unseres Planeten zu verstehen. Ich arbeitete unaufhaltsam: im Winter mit gefrorenem Bart und steifen Händen, im Sommer bei größter Hitze. An einem Ort, den ihr mit stinkenden Abwässern und Müll schändet. Ich arbeitete Tag und Nacht, um die Steinplatten mit Liebe, Ehrfurcht und Sorgfalt zuzubereiten. Dadurch wollte ich mich der Natur für diesen Schatz erkenntlich zeigen.

Ich erkannte, dass die Erde der Jetztzeit wie der Vergangenheit ein Buch ist, das das Werden unseres Planeten in sich aufbewahrt. Ihr habt mich deswegen als Räuber bezeichnet und mich bestraft. Seid nicht ihr die wahren Diebe? Die Natur gab mir Geschenke. Ihr dagegen habt sie euch nicht selbst verdient. So musstet ihr sie mir rauben."

Jeder Satz, jedes Wort Fèros war die Wahrheit.

Er zog einen Strafbescheid nach dem anderen heraus. Sie reichten aus, um ihn über Jahre ins Gefängnis zu werfen. Wenn die Beamten der staatlichen Institutionen es wollten. Es blieb bisher bei Drohungen – und bei Bekundungen von Macht: Nur der grenzenlosen und gewohnten Güte der Staatsdiener sei es zu verdanken, dass das bis jetzt noch nicht geschehen sei, gaben diese zu verstehen. Sie könnten sogar all sein Hab und Gut konfiszieren. Ob er dieses Wagnis in seinem Alter auf sich nehmen wolle?

„Ja!", betonte Fèro bestimmt. „Tage im Gefängnis, ein Leben ohne Besitz ist leichter zu ertragen als Wankelmut." Dann fuhr er selbstkritisch fort: „Nicht Ruhm, nicht Geld, nicht Zorn sollten uns antreiben, durch unser Leben zu wandern. Einzig die Freude, ‚seinen eigenen Weg' durch die Zeit zu gehen."

Wir blickten tiefer in die *Gola* hinein. Die Straße, gegen die sich Fèro so sehr gewehrt hatte, war nicht gebaut worden. Er allein hatte das bewirkt. Wieder einmal steckte er mir einen mit Bleistift vollgekritzelten Karton zu. Ich las.

„Eines Tages, wenn die Menschen weiser und die Nymphomanen der Macht ausgestorben sind, werden die Gämsen wieder über die Felsen springen. Die Auerhähne werden wieder balzen und die Stimme der Bäume wird erneut erklingen. Dann wird Frieden eingekehrt sein." – So hoffte er.

Vor uns lagen einige kleine Seen, die sich durch den Dauerregen der letzten Tage und Wochen gebildet hatten. Auf den Bäumen lag schon Schnee. Nebel waberte über die Weiten.

„Es ist erstaunlich, wie sich eine veränderte Wahrnehmung auf den Geist auswirkt", stellte Fèro fest. „Das Unvorhergesehene macht Wanderungen durch die Landschaft und durch die Zeit so aufregend."

Ich lief in Gedanken noch einmal unseren Weg ab: Die wie aus dem Nichts erwachsenden Steinhalden am Anfang des Toveltales, der still eingebettete See mit seinen Spiegelungen, die sanften Waldhaine, die plötzlich und gefährlich abfallenden Felshänge der *Gola*. Dann die erloschenen Vulkane des *Monzoni*, die weißen Gletscher der *Marmolata*, die Pyramidenform der *Drei Zinnen*, die exakte Geometrie des *Schlern*. Fèro hatte Recht: Jeden Tag öffnen sich dem Wanderer durch Landschaft und Zeit neue Einblicke. Anfangs mögen sie noch furchteinflößend erscheinen. Doch sie werden sich immer mehr verwandeln, bis eine Freundschaft und tiefe Verbindung mit ihnen spürbar ist. Jene Menschen, die so weit gehen, hören die Stimme der Natur.

„Der Ruf der Zeit dringt tief in unsere Seele. Wir vernehmen ihn zwar nicht wie einen Laut aus der Natur, aber er ist uns vertrauter als unsere Geburt", meinte Fèro. „Ich höre in der Ferne Rauschen. Mir scheint, es ändert sich in den Jahrmillionen nie. Unauslöschlich hat es sich seit ewigen Zeiten in die Wildnis eingeprägt."

Immer deutlicher nahm er die Schwingungen der Zeit wahr. Es war ihm, als stände er nun an den äußersten Grenzen seines Daseins. Anfangs- und Endzeit vereinten sich.

Fèro hustete. Schmerzen hatten ihn dieses Jahr häufiger als früher geplagt. Wenn er schwer trug, musste er sich mehr als sonst entkräftet setzen. Vor Jahren noch hatte sein scharfes Auge jede Gämse und jedes Reh erspäht. Doch nun wurden seine äußeren Augen schwächer – die inneren umso stärker. Sie übten für eine gute Sicht im Anderswo, jenseits des Zeitlichen. Fèro, geprägt und gezeichnet durch sein hartes Leben in der wilden Bergnatur, bereitete sich allmählich vor, seine letzte Reise durch die Zeit anzutreten.

Sein Leben hatte er geordnet. Er konnte es eines Tages als anständiger Mann verlassen.

Fèros Wissen über Pflanzen

Wildpflanzen sammeln und sich selbst versorgen

Fèro erzählte mir einmal: „Zwei Wissenschaftler, Pietro Fusani und Carla Vender, wollten herausfinden, wie viele Pflanzen ich imstande wäre, am Tag zu sammeln. Sie beobachteten mich einen Sommer über. Zwischen März und Anfang April brachte ich abends durchschnittlich 19 Kilo Taubenkropf-Leimkraut oder 30 Kilo Löwenzahntriebe oder 29 Kilo Blätter vom Bärlauch nach Hause. Im Mai waren es täglich an die 40 Kilo Hopfentriebe, 30 Kilo Blätter der Klette und ebenso viel Alpen-Milchlattich. Im Juni schaffte ich ruhigen Gemüts in der Wildnis 45 Kilo Guter Heinrich, jeweils 13 Kilo Triebe der Berg-Kiefer oder Blätter des Schaumkrautes. Im August waren es am Tag sogar 50 Kilo Meerrettichwurzeln. Noch im November holte ich 30 Kilo Kornelkirschen von den Bäumen.

Ich bewerkstellige all das immer mit äußerster Ruhe, im Wissen, damit meinen Tag sinnvoll auszufüllen. Alle Wildpflanzen dienen mir zu einer bewussten Ernährung – das ganze Jahr über. Ich könnte noch viel mehr verschiedene Kräuter sammeln, aber ich habe dafür keinen Bedarf. Außerdem sammle ich noch alle möglichen Pilze oder im Herbst meine Wildäpfel. Vieles esse ich frisch, einiges lege ich in Essig oder Öl ein. Mit anderem mache ich köstliche Honige.

Die Wissenschaftler stellten damals fest, dass ich bei vielen meiner Suchgänge die Gesetze übertrat, weil ich zu viel sammelte; doch gibt die Natur an manchen Tagen mehr, an manchen weniger. Gleichzeitig forderten sie, dass man einen neuen Beruf einführen sollte: jenen des Kräutersammlers. All ihr Denken ist falsch und inhaltsleer. Wer alles mit Gesetzen regelt, nimmt die Unmittelbarkeit. Die Freiheit des Seins. Für die Wissenschaftler ist alles Statistik. Sie errechneten, dass ich insgesamt 58,3 Tage oder 475 Stunden unterwegs war und dabei 36,3 Zentner Wildgemüse gesammelt hätte. – Ich dagegen rechne nie nach Zeit, sondern nach Freiheit."

Ich fragte Fèro, ob er mir nicht etwas darüber sagen kann, was er mit den Pflanzen gemacht hat. Er erkärte mir sein Rezept: „Um die Wildpflanzen wie Alpen-Milchlattich, Guter Heinrich, Löwenzahn, Leimkraut oder andere zu überwintern, nehme ich zwei Liter Wasser, 1/2 Liter Weißwein, 1/2 Liter Weinessig und etwas grobes Salz und bringe alles zum Kochen. Dann gebe ich die Wildpflanzen hinein und koche alles nochmals auf. Danach lasse ich die Lösung ablaufen und trockne die Pflanzen sorgsam ab. Das erkaltete Wildgemüse gebe ich anschließend in vorher sterilisierte Gläser, die ich mit Öl vollkommen bedecke, um eine gute Lagerfähigkeit zu bekommen. So verlieren sie kaum ihren ursprünglichen Geschmack und ihre Eigenschaften und bleiben lange aromatisch und frisch."

Fèro ist ein Mann der Natur, ein Waldmensch. Für ihn ist selbstverständlich: „Mein Garten ist die Wildnis. Dort hole ich mir alles an Kräutern, was ich für meinen täglichen Hausgebrauch benötige. Und wenn Freunde mir Ratschläge über mir unbekannte Pflanzen geben, versuche ich diese auch noch zu finden."

Von folgenden essbaren Wildpflanzen ernährt er sich seit vielen Jahren hauptsächlich. Sie sind alle sehr schmackhaft und gesund.

› **Bärlauch** *(Allium ursinum)* „Die kleinen Zwiebelchen verwende ich als Knoblauchersatz. Die jungen Blätter gebe ich mit anderen Wildpflanzen in den Salat oder nehme sie, um einen Kartoffelsalat noch schmackhafter zu machen. Manchmal mache ich eine Art Pestosauce daraus. Die Blätter reinigen den Körper; ich kenne auch nichts Besseres für den Magen. Deshalb esse ich im Frühling reichlich Bärlauchsalat oder gebe die Blätter in Suppen."

› **Brennnessel** *(Urtica dioica)* „Ein Salat aus jungen Blättchen reinigt das Blut. Aufgüsse mit getrockneten Blättern ergeben ein wohltuendes und blutreinigendes Getränk."

› **Echte Brunnenkresse** *(Nasturtium officinale)* „Ich bereite sie wie einen Salat zu, träufle etwas Zitronensaft oder Essig und Öl darauf. Die jungen Blättchen schmecken wohltuend pikant. Oft mache ich daraus auch wohlschmeckende Saucen. Der kalt gepresste Saft wirkt reinigend."

› **Guter Heinrich** *(Chenopodium bonus-henricus)* „Hier nehme ich die jungen Triebe oder die feinen Blättchen. Sie ergeben einen guten frischen Salat. Oder ich koche sie wie Spinat. Oft lege ich die Blätter auch auf die Wunden, die ich mir in der Wildnis zuziehe. Sie heilen dann schnell ab."

› **Hopfen** *(Humulus lupulus)* „Die jungen Triebe eignen sich für Suppen und Reis oder um in Essig eingelegt zu werden. 20 Gramm der Blüten, in Wasser aufgekocht, ergeben ein gutes Mittel gegen Schlaflosigkeit und Magenkrämpfe und wirken beruhigend."

› **Leimkraut** *(Silene vulgaris)* „Ich verwende die keimenden Sprösslinge zusammen mit den noch weichen und jungen Blättern. Das frisch geerntete Leimkraut ist für viele Salate ganz delikat. Aber auch gekocht für Gemüsetorten, in der Suppe oder noch besser frittiert ist es sehr schmackhaft. Es soll harntreibende Eigenschaften besitzen."

› **Löwenzahn** *(Taraxacum officinale)* „Die Frühlingsblätter und Sprosse ergeben roh einen guten Salat, genauso wie sie gekocht vorzüglich als „Spinat" sind. Die unreifen Blüten, in Essig eingelegt, ähneln feinen Kapern. Öfters röste ich die Wurzeln. Sie ergeben einen guten Kaffeeersatz. Der Löwenzahn wirkt leicht abführend und hilft bei schwierigem Harn."

› **Echtes Lungenkraut** *(Pulmonaria officinalis)* „Sehr gut sind die gekochten Blätter mit Käse. Auch die Triebe können auf diese Wiese zubereitet werden. Das Lungenkraut hat schweißtreibende und Schleim lösende Wirkungen. Bei Katarrh und Husten nimmt man für einen Tee 30 Gramm Blätter auf einen Liter Wasser. Gut ist auch kalt gepresster Lungenkrautsaft mit etwas Honig."

› **Alpen-Milchlattich** *(Cicerbita alpina)* „Ich nehme ihn als Salat oder mache einen guten Gemüsereis daraus. Den Rest lege ich als Vorrat unter Öl."

› **Silberdistel** *(Carlina acaulis)* „Die Blütenböden können gleich wie Artischockenherzen verzehrt werden. Im Herbst grabe ich die Wurzeln und befreie sie von ihrer holzigen Hülle. Ich säubere und trockne sie und lege sie dann in Zucker ein. Das ergibt eine kandierte Leckerei. Die Silberdistel ist reich an Inulin, einer Zuckerart, die auch Diabetiker gut vertragen."

› **Wilder Spargel** *(Asparagus acutifolius)* „Ich verwende die jungen Triebe entweder gekocht oder roh mit Öl oder Zitronensaft: in der Suppe, mit Nudeln, Reis oder frittiert. Sie haben einen leicht herben, aber angenehmen Geschmack. Spargel regt die Nierentätigkeit an und verhilft zu einem guten Blutfluss."

Für das richtige Sammeln und eine gute innere Haltung dabei hat Fèro viele Tipps aus seinem großen Erfahrungswissen:

- „Mit meinen gesammelten Kräutern ist der Tisch schnell für die tägliche Festmahlzeit bereitet. Ich freue mich, im besten Restaurant der Welt speisen zu dürfen. Und das noch dazu umsonst. Von jeder einzelnen Pflanze weiß ich, woher sie stammt.

- Im Frühjahr ist Erntezeit für eine Fülle von Jungtrieben. Ich sammle die Blätter des Guten Heinrich, der Sauerampfers oder des Leimkrauts.

- Nach dem Sammeln wasche ich ganz entspannt die Wildpflanzen, ob Milchlattich, Löwenzahn oder Guter Heinrich, kräftig durch. Jeder Sprössling, jedes Blatt scheint mir dann seine besondere Geschichte zu erzählen.

- Der Milchlattich wächst bevorzugt zwischen Erlen. Ich ernte die jungen Triebe, indem ich sie oberhalb des Wurzelbereichs abbreche. Schonend lege ich sie dann in einen Jutesack. Die jungen Triebe ergeben – wie die des Wilden Spargels oder anderer Pflanzen – ein schmackhaftes Gemüse. Ich köchle sie zuerst etwas im Wasser auf und richte sie dann mit Öl und Essig an. Gerade die Abwechslung erfreut den Körper.

- Eine Fülle von Blumen wie das Vergissmeinnicht und die Schlüsselblume eignen sich ganz ausgezeichnet für Salate. Allein die Suche nach ihnen ist wie Meditation und beruhigt mich über Wochen hinweg. Ich erfreue mich auch immer an ihrer Farbenpracht.

- Fast alle Pflanzen des Waldes können uns ernähren: Ein Salat aus Schlüsselblumenblüten und den jungen Blättern des Löwenzahns, versetzt mit etwas kalt gepresstem Olivenöl und Balsamicoessig, ist ein Leckerbissen.

- Mein Hausgarten ist nur wenige Quadratmeter groß. Ich benötige auch keinen größeren, da ich einen unendlich größeren in freier Natur mein Eigen nenne. Es bereitet mir aber auch Freude, wenn mich die Pflanzen im Frühjahr schon vor meiner Haustür begrüßen."

Für Fèro ging es nie darum, „nur" Pflanzen zu sammeln. In die Natur zu gehen, zu suchen, zu finden, sich in Gelassenheit mit den Pflanzen zu beschäftigen, war für ihn immer eine Lebenshaltung, ein Lebensgefühl. Die alltägliche Ernährung war gleichzeitig gelebte Heilkunde und ein natürlicher, gesunder Genuss. Wenn er davon erzählte, leuchteten seine Augen.

„Ein jeder sollte so viel an Kräutern, Beeren und Wildpflanzen sammeln, dass er sich das Jahr über zusätzlich davon ernähren kann. Dann lebt er viel gesünder! Was verschwenden wir unsere Zeit beim Golfspielen, beim Skifahren oder anderen uns eingeredeten sportlichen Aktivitäten? Wer in die Wildnis geht, wird seine Zeit als sinnvoller genutzt empfinden. Die Suche nach Beeren und Kräutern bringt uns viel mehr an natürlicher Bewegung und hält zudem über alle Maßen Geist und Verstand rege. Ich habe mein Leben lang gesammelt und versucht, aus allem Lehren zu ziehen. Selbst die einfachsten und unscheinbarsten Flechten wie das Isländisch Moos bieten vielfältige Einsatzmöglichkeiten. Die Alten sagten, es sei der *Piatto della sovravvivenza*, der Überlebensteller, weil man besonders in Hungerzeiten darauf zurückgriff. Ich empfinde diese Flechte immer als besonderes Geschenk der Mutter Natur für den Menschen (Rezepte Seite 177/178).

Zwar bereitet die sorgfältige Reinigung einiges an Mühe. Aber dies einmal geschafft, weiche ich die Flechten lange genug in Wasser ein und wechsle dieses auch immer wieder, um die Bitterkeit zu nehmen. Danach lassen sich daraus die leckersten Speisen zubereiten.

Einen Teil lege ich in Öl. Ich biete es als Vorspeise meinen Freunden an. Mit einem anderen Teil backe ich Brot; mit einem dritten Teil koche ich mit angerösteten Zwiebeln eine Hauptspeise. Den letzten Teil bewahre ich auf, um daraus einen Hustensaft zu machen, den ich aber auch verwende, um verschiedene Joghurtspeisen zu süßen. Selbst dem Käse verleihe ich damit eine besondere Note.

An Beeren sammle ich die Hagebutte für einen Tee, zum Essen Preiselbeeren, Heidelbeeren, Himbeeren und Wald-Erdbeeren. Auch Kornelkirschen, Aprikosen und Pflaumen verschmähe ich nicht: zum Einwecken oder als Fruchtaufstriche. Vom Herbst an bis in den Frühwinter hole ich mir Wildäpfel und -birnen von den Bäumen. Dann sind meine Vorratskammern mit Konfitüren, Säften und Trockenfrüchten aufgefüllt. Ich kann damit noch viele Gäste bewirten, die den Geschmack dieser Wildfrüchte allesamt loben. Zudem verschenke ich genauso viel, um anderen eine Freude zu bereiten."

Beeren und Früchte

- „Wildbeeren zu ernten, erspart mir den Gang in den Supermarkt. Zudem geben sie mir die Sicherheit für naturbelassene Nahrung.

- Aus den Wildäpfeln presse ich Saft. Ich lege mir wie ein Murmeltier einen Jahresvorrat an.

- Die *Martin-Secco*-Birne wie die Kirschen gehören zu den traditionellen Obstsorten meiner Landschaft. Sie eignen sich gut zum Einlegen.

- Man sollte immer die Früchte und Gemüse essen, die auf der eigenen Heimaterde wachsen. Sie passen besser zum Körper und zur Seele und stärken die Gesundheit."

Das Herstellen von Kräuterschnäpsen

In den Alpen gehört es dazu, sich ab und zu einen guten Schnaps zu genehmigen. Im rauen Klima, gerade in der Winterzeit, ist der Schnaps auch ein Mittel, um der Kälte und Nässe zu trotzen – und gesund zu bleiben. Auch hierfür hat Fèro seine Lieblingspflanzen, die seit Urzeiten im Volk ihren Stellenwert haben (Rezepte Seite 178).

„Eine Vielzahl von Pflanzen setze ich im Schnaps an. Das war bei uns immer schon so Brauch. Besonders hoch in Ehren hält man den Gelben Enzian. Er bewirkt bei Magenverstimmungen wahre Wunder. Auch der Génépi wird sehr geschätzt, wächst er doch hoch oben in den Bergen. Ich trinke ihn vor allem wegen seiner verdauungsfördernden Wirkungen. Er wird auch Bergaspirin genannt, aufgrund seiner Fähigkeit, Kopfweh und Erkältungen zu mildern.

Viele der Schnäpse sind bitter. Dazu gehören auch welche auf der Basis von Meisterwurz, der kleinen Moschus-Schafgarbe oder des Wacholders. Auch das Wermutkraut zeichnet sich durch äußerste Bitterkeit aus. Die Bitterstoffe vertreiben die Gifte aus dem Körper. Je höher in den Bergen die Pflanzen wachsen, desto kräftiger scheinen sie mir. Andere Pflanzen für Schnäpse, die ich sehr schätze, sind Thymian, Ampfer oder der Spark. Ich verschmähe aber auch nicht den süßen Zirbenschnaps, die Rosenwurz, den Heidelbeerschnaps oder den Engelsüß, auch Tüpfelfarn genannt.

Die Wurzeln der Rosenwurz steigern die Konzentration und das Erinnerungsvermögen. Ich gebe immer noch etwas Honig hinzu. Alle Pflanzen vermitteln mir ein Wohlgefühl – schon, weil ich lange Tagmärsche auf mich nehmen muss, um sie zu finden. Allein die Suche und ihr Kennenlernen machen es wert, sich mit ihnen zu befassen. Jedes Jahr kann ich mich für andere Schnäpse begeistern.

Ich grabe nur so viele Wurzeln, wie ich für das Jahr benötige. Sie tragen die Kraft des Hochgebirges in sich. Zuerst trockne ich sie, dann schneide ich sie klein und setze sie im Obstler an. So entfalten sie ihr typisches Aroma, das sie so berühmt gemacht hat. Gemeinsam mit Freunden manch Gläschen in Maßen getrunken, festigt die Kameradschaft und gibt Wohlgefühl im Leben."

Über die Rezepturen erfuhr ich: „Ich gewöhnte mir nie an, mit der Waage zu messen. Gesundes Augenmaß und die Erfahrung sind mir wichtiger. Für gewöhnlich gieße ich einen halben Liter feinen Obstler in eine Flasche und gebe dann so viele Kräuter oder getrocknete Wurzeln hinzu, wie ich für richtig halte. Jeder lerne, die innere Natur der Pflanze zu empfinden. Wichtig ist, die angesetzten Schnäpse möglichst lange, über einige Monate, ziehen zu lassen. Manch eine Wurzel lasse ich zum Andenken in der Flasche.

Für einen erlesenen Zirbengeist gehe ich beispielsweise so vor: Ich sammle im Frühsommer die noch blutroten frischen Zapfen. Vier bis fünf davon, in Scheiben geschnitten, reichen leicht in einem Liter Obstler. Dann gebe ich noch so viel Honig oder braunen Zucker hinzu, wie die Zapfen schwer sind. Nach ein bis zwei Monaten seihe ich alles durch ein Tuch und lasse den Schnaps anschließend so lange in der Sonne reifen, bis er eine klare rötliche Färbung hat. Ich lobe diesen harzigen Schnaps, der auch viele meiner Freunde begeistert.

Manchmal schneide ich auch einige Zapfen in Scheiben, setze sie in gut einem Liter Wasser über die Nacht an und koche alles mit gleich viel Kandiszucker auf. Das ergibt einen guten Hustensaft."

Vom Essen zum Heilen

Die Wildnisapotheke war in früheren Zeiten die einzige und natürliche Heilversorgung. In manchen Gegenden ist das bis heute so. Ärzte waren entweder zu teuer oder zu weit weg, so dass es die Kraft der Kräuter war, mit der Naturkundige oder Kräuterfrauen Erkrankungen und Gebrechen heilten. Das traditionelle Wissen entstand über Jahrhunderte hinweg zur Versorgung der Menschen wie auch der Tiere am Hof oder auf den Weiden in inniger Verbindung mit der Natur (Rezepte ab Seite 171).

Fèro meinte dazu: „Was drängt uns zu überteuerten Cremes und Salben, wenn wir alles, was wir brauchen, vor unserer Haustür finden? Die Altvorderen berichten uns davon. Jedermanns Anspruch sollte es sein, Naturheilkunde zu studieren. Er wäre glücklicher und seinem Körper erginge es besser. Salben und Einreibungen heilen innerlich wie äußerlich. Wer in die Wälder geht, befreit sich vom Stress des Lebens. Noch mehr gibt uns das Wissen und die Suche nach ihren Eigenschaften und Inhaltsstoffen innere Ruhe und Wohlbefinden. Wandere doch ein jeder ins Hochgebirge zu den Arnikawiesen. Eine Handvoll der Blüten reicht für das ganze Jahr. Jeder kann seine persönliche Hand- und Gesichtscreme selbst machen. Es braucht nur ein wenig Übung und Phantasie. Der Körper wird schon durch das Suchen nach den Pflanzen geschmeidiger. Echte Erzählungen über das Abenteuer des Findens und Sammelns bereichern andere Menschen."

Gesundes Leben aus eigenem Naturwissen

- „Meine Küche ist mein Labor. Dort fertige ich meine Cremes, bereite die Wildkräuter zu und trockne die Pflanzen, um aus ihnen wertvolle Tees zu machen.

- Aus den Blättern der Wald-Erdbeere, des Weißdorns, des Waldmeisters und der Himbeere und aus Hagebutten mache ich mir meinen eigenen Gesundheitstee. Zudem halte ich immer einen Vorrat an getrockneten Kräutern und Früchten für vielerlei Verwendung im Haus.

- Die getrockneten Blüten, Blätter und Früchte des Weißdorns werden seit jeher als Tee bei Herz-Kreislauf-Störungen angewendet. So berichten die alten Überlieferungen. Ich halte viel von dem, was uns über die Generationen übertragen wurde.

- Johanniskraut und Arnika sammeln bei uns fast alle Familien, die die Heilkraft der Natur noch kennen. Sonnengereifte Arnikablüten verwende ich – eingelegt in Schnaps – zum Einreiben bei Schmerzen.

- Seit Jahren hole ich vom gleichen Baum mein Lärchenpech, um daraus eine Salbe bei Verwundungen, Verletzungen und spröder Haut zu fertigen. Am Ende verschließe ich meine Lärche vorsichtig mit einem Holzpropfen, um sie nicht über Gebühr zu schädigen.

- Die Frühjahrstriebe der Berg-Kiefern, versetzt mit Zucker und monatelang darin gelagert, ergeben den Mugolio. Er wirkt bei Verkühlungen wahre Wunder. Ich süße aber genauso Nachspeisen und Joghurt damit.

- Ein Sirup aus Isländisch Moos bei Husten gehört zum Besten, was die Natur anzubieten hat. Als eine Vorspeise genieße ich die in Öl eingeweckte Flechte. Als Hauptspeise bevorzuge ich sie mit leicht angerösteten Zwiebeln.

- Ich liebe Farnhaine. Gewisse Farne, wie den Wurmfarn oder den Frauenfarn verwende ich als Tinktur zum Einreiben bei Schmerzen oder bei müden Füßen. Andere wiederum – wie die Wurzeln des Tüpfelfarns – ergeben einen leckeren Likör."

Rezepte und Erfahrungswissen des Kräuterweisen Fèro

Die vorliegenden Rezepturen stammen aus Fèros persönlichem Erfahrungsschatz. Jeder daran Interessierte sollte sie nochmals überprüfen und auf die persönlichen Bedürfnisse abstimmen.

Die Kraft der Nadelbäume

Lärche *(Larix decidua)*:

› „Lärchenpech oder Lärchenharz enthält Harzsäuren und ätherisches Öl. Es wirkt hautreizend, steigert die Durchblutung, regt die lokale Abwehr an und kann Infektionen begrenzen, die sich in Wunden oder eiternden Geschwüren auszubreiten drohen.

› Für eine Salbe aus Lärchenpech nimm 150 Gramm Bienenwachs, 100 Gramm Lärchenpech oder Fichtenpech, 25 Gramm Propolis, 250 Gramm Johanniskrautöl, 25 Gramm Arnikatinktur. Lass das Bienenwachs schmelzen, gib langsam die anderen Zutaten hinzu. Lass es abkühlen und fülle es in Gläser. Das gibt eine wunderbare Salbe für rissige Hände oder Wunden.

› Die Alten verwendeten Lärchenpechpflaster bei eitrigen Wunden oder Verletzungen. Eine Salbe aus einem Drittel Lärchenharz, einem Drittel Bienenwachs und einem Drittel Schweinefett wirkt bei rissigen Händen Wunder. Erwärmtes Lärchenpech zu inhalieren, tötet Keime und fördert außerdem die Sekretabsonderung der Bronchien."

Fichte *(Picea abies)*:

› „Für einen Tee nimm einen Teelöffel frische oder getrocknete Nadeln auf eine Tasse Wasser. Koche sie kurz auf, lass alles mindestens fünf Minuten ziehen und seihe es ab.

› Meine Großmutter verarbeitete frische wie getrocknete Tannen- oder Fichtennadeln zu Tee. Er half ihr bei Atemwegsproblemen. Besonders ältere Menschen, die häufig verschleimt sind, sollten die ätherischen Öle der Nadeln einatmen.

› Die Waldarbeiter trugen früher Fichtenharz auf saubere Leinentücher auf, als Auflage bei frischen Verletzungen. Das Harz ist auch ein ausgezeichnetes Mittel, um Geschwüre zur Reife zu bringen. Es wirkt keimtötend.

› Wir machten bei uns zu Hause immer eine Fichtenharzsalbe zum Einreiben bei Rheuma, Gliederschmerzen und Hexenschuss. Du kannst auch das reine ätherische Öl der Fichtennadeln zu Salben verarbeiten. Es ist nicht nur entzündungshemmend, sondern hat genauso eine krampflösende Wirkung und kann daher auch bei Husten eingesetzt werden.

› Das ätherische Öl kann man auch einfach in eine Duftlampe geben. Der Duft der Fichte hat eine kühlende Eigenschaft. Seine Wirkung hilft dabei, innere Unruhe, Nervosität und Angespanntheit auszugleichen.

› Für einen Sirup sammle 500 Gramm junge Triebspitzen und gib sie in einen Topf. Gieß einen Liter Wasser hinzu, so dass alles knapp bedeckt ist. Koche so lange, bis sich das Wasser leicht milchig weiß färbt, etwa eine halbe bis eine ganze Stunde. Erschrecke nicht, wenn sich die Fichtennadeln dabei leicht bräunlich färben. Seihe alles durch ein grobes Tuch ab. Gib nun zwei Kilo Zucker in das Wasser und koche es lange, so drei bis fünf Stunden. Mache immer wieder Proben oder nimm ein Zuckerthermometer. Lasse danach den Sirup abkühlen und fülle ihn in Gläser. Das ergibt einen exzellenten Hustensirup für Erkältungen. Rühre ihn ruhig in die heiße Milch. Der Sirup hilft, löffelweise eingenommen, sehr gut bei Grippe und Erkältungen, ist aber auch einfach als Brotaufstrich gut.

› Für eine Tinktur übergieße die im Frühjahr oder Frühsommer geernteten neuen Fichten- oder Tannenzweiglein mit 40-prozentigem Alkohol, bis sie vollkommen bedeckt sind. Lasse diese Flüssigkeit in einem verschlossenen Glasbehälter drei Wochen an einem sonnigen Ort ziehen. Filtriere dann alles ab und bewahre die Tinktur in einem dunklen Glas auf. Reibe damit bei Muskelschmerzen, Hexenschuss, Ischias und rheumatischen Problemen die betroffenen Körperteile ein."

Latsche *(Pinus mugo)*:

› „Wertvolles Latschenöl wird durch Destillieren gewonnen. Vermische ein bis vier Tropfen des ätherischen Öls mit einem Esslöffel Honig und einem halben Liter Wasser und erwärme es. Anschließend kannst du inhalieren. Das wirkt atmungsvertiefend, krampflösend und fördert die Durchblutung. Außerdem lindert es Verschleimungen, ist entzündungshemmend bei Schnupfen, Entzündungen der Nebenhöhlen und Halsbeschwerden. Nimm es auch bei Ermüdung, Erschöpfung und Muskelverspannung.

› Das Öl vertreibt auch Ängstlichkeit und Unsicherheit und verleiht Mut, Zuversicht und Ausdauer. Du kannst einen Tropfen Latschenöl auf einen Würfel Zucker träufeln und im Mund zergehen lassen. Es belebt sofort.

› Als so genannter *Franzbranntwein* wird die Tinktur aus Nadeln vielfach zu Einreibungen bei Rheuma, Gicht, Muskelverspannung und Durchblutungsstörungen verwendet.

› Für den Latschensirup *Mugolio* nimm 500 Gramm Triebe und grüne, unreife Zapfen, dazu 500 Gramm Zucker. Lass alles nach dem Zerkleinern in einem Gefäß so lange fermentieren, bis sich der Zucker restlos aufgelöst hat. Dann seihe den Sirup in saubere Gläser ab. Karamellisiere eventuell ein wenig, so dass der Latschensirup eine dunkle Färbung erhält. Es gibt nichts Besseres bei Husten, Bronchitis und Verkühlung. Auch zum Dessert mit Joghurt schmeckt es vorzüglich."

Zirbe *(Pinus cembra)*:

› „Die Samen werden irreführend *Zirbelnüsse* genannt, obwohl sie keine Nüsse sind. Da die Zirbe unter extremen Bedingungen heranwächst, gilt sie als Inbegriff von Ausdauer und Stärke.

› Für einen Zirbengeist sammle die jungen blutroten Zapfen im Frühsommer. Schneide sie in Scheiben und setzte sie in 40-prozentigem Hausbrand an. Nimm drei bis fünf Zapfen pro Liter. Gib so viel Honig oder braunen Zucker zur Süßung hinzu, wie die Zapfen schwer sind. Nach drei bis fünf Wochen seihst du alles durch ein Tuch. Lass den Zirbengeist in der Sonne stehen, bis er absolut klar ist und die Färbung eines Himbeersaftes erreicht hat. Gib niemals Wasser hinzu, sonst könnte der Schnaps durch die harzigen Stoffe milchig werden.

› Für einen Zirbensirup schneide 15 rotviolette Zapfen in Scheiben und setze sie über Nacht in 1½ Liter Wasser an. Danach koche die Flüssigkeit mit 1½ Kilo Kandiszucker. Das wirkt vorzüglich bei Husten.

› Für Zirbenhonig lasse 500 Gramm geschnittene, unreife Zapfen mit 500 Gramm Zucker und 100 Gramm Wasser im Wasserbad zergehen. Seihe und fülle ihn ab."

Wacholder *(Juniperus communis)*:

› „Sammle die reifen, aromatisch riechenden Früchte nach dem ersten Frost im Oktober und November. In unserer Gegend gehört der Wacholder zu den am meisten verwendeten Gewürzen. Man nimmt ihn zum Würzen von Wildgerichten oder Sauerbraten, in Fischsud und Sauerkraut.

› Koche die ganzen Beeren mit oder zerquetsche sie vorher mit einem Löffel, um das Aroma zu steigern. Nimm pro Person nie mehr als drei ganze oder zwei zerdrückte Beeren. Sie wirken appetitanregend, entzündungshemmend, auch wassertreibend. Sie fördern die Verdauung und helfen gegen Sodbrennen.

› Werden ein paar Beeren einem schweren Braten hinzugefügt, schmeckt er nicht nur besser, sondern der Bitterstoff (Juniperin) sorgt für schnellere Verdauung.

› Für einen Wacholderbeerentee nimm einen Teelöffel zerquetsche Beeren auf eine große Tasse heißes Wasser. Lasse alles mindestens fünf Minuten ziehen. Der Tee wirkt harntreibend, blutreinigend und entwässernd, aber auch entkrampfend und lindert damit Schmerzen. Er hilft dir bei der Verdauung, bei Völlegefühl oder Blähungen.

› Für einen Wacholderschnaps nimm einen Liter Schnaps (Korn oder Wodka) und eine Handvoll Wacholderbeeren. Zerkleinere die Beeren im Mörser, gib sie in eine weithalsige Flasche und gieße mit dem Schnaps auf. Verschließe die Flasche, stelle sie in die Sonne und schüttle sie manchmal durch. Seihe alles nach einigen Wochen ab.

› Ein Wacholderspiritus eignet sich zum Einreiben. Nimm 20 Gramm Wacholderbeeren, zerdrücke sie und übergieße sie mit 40-prozentigem Alkohol. Lasse alles zwei Wochen in der Sonne stehen, seihe es ab und du erhältst eine gute Tinktur. Sie hilft dir bei rheumatischen Beschwerden. Reibe dich damit zweimal täglich ein. Das wirkt erwärmend und lindernd bei Gelenkschmerzen."

Die Kraft der Farne

› „Farne kommen vor allem in Wäldern oder waldnahen Gebieten in großen Mengen vor. Es gibt verschiedene Arten. Meist werden der Wurmfarn *(Dryopteris filix-mas)*, der Frauenfarn *(Athyrium filix-femina)*, der Adlerfarn *(Pteridium aquilinum)* und der Süßfarn *(Polypodium vulgare)* verwendet. Viele Farnarten dürfen nur äußerlich angewendet werden. Das ist wichtig, weil die Inhaltsstoffe teilweise giftig sind.

› Bei Rheumatismus oder Kreuzschmerzen lege ich mich auf getrocknete Farnwedel oder reibe mich mit Farngeist ein, und die Schmerzen verschwinden.

› Für ein Farnkissen stopfe Farnwedel in einen Leinensack und lege ihn als Bettunterlage auf die Matratze. Rücken- und Rheumaschmerzen vergehen dann von allein.

> Für ein Farnfußbad übergieße einige frische Farnwedel mit heißem Wasser. Kühle alles auf eine angenehme Temperatur ab und bade deine Füße 15 bis 20 Minuten darin. Das ist gut bei schmerzenden, müden Füßen. Es wirkt nach sportlichen Anstrengungen auch Wunder bei schmerzenden Knien.

> Auch als Einlage in Wanderschuhen sind die Farnwedel sinnvoll. Dann gehören brennende Füße der Vergangenheit an.

> Für Farngeist nimm 200 Gramm getrocknetes Farnkraut und gib einen halben Liter Weingeist (60 Prozent) hinzu. Setze alles in einem Glasgefäß im Dunkeln 14 Tage an. Reibe dir dann damit schmerzende Stellen ein.

> Grabe Süßfarn- oder Engelsüßwurzeln zwischen Mai und Oktober. Befreie sie vom anhaftenden Erdreich, wasche sie und trockne sie schnell und gut, damit sie nicht verschimmeln. Wir kauten früher auch Engelsüßwurzeln während langer Wanderungen, um Durst und Hustenschleim zu bekämpfen.

> Setze Farnwurzeln in Schnaps an und reib dich damit bei Gelenk- und Rückenschmerzen ein.

> Setze drei Teelöffel geriebene Engelsüßwurzel mit einem Glas Wasser kalt an, lass alles acht Stunden ziehen, übergieße dann den Teerückstand mit einem Glas kochendem Wasser und lasse alles zehn Minuten ziehen. Trink den Aufguss tagsüber. Es gibt bei Darmverstopfung nichts Besseres.

> Mische 1/4 Liter Wasser mit zwei Teelöffeln klein gehäckselter Engelsüßwurzel und koche alles fünf Minuten auf kleiner Flamme. Trinke ruhig drei Tassen Tee pro Tag. Das hilft bei Husten, Erkältungen, Heiserkeit und Fieber. Es wirkt auch Wunder bei Appetitlosigkeit und fördert die Verdauung.

> Koche fein gehackte Engelsüßwurzel 15 Minuten lang in 0,2 Liter Wasser, füge etwas Süßholz hinzu, lass alles zwölf Stunden ziehen. Trink den Tee nüchtern morgens bei Leber- und Gallenleiden."

4_1 Traditionell schreiben die Bewohner der Alpen den Wurzeln des Gelben Enzians fast schon magische Heilkräfte zu. Für die Verdauung gibt es nichts Besseres als ein Gläschen Enzianschnaps.

4_2 Im Frühjahr pflückt Fèro die Blüten zahlreicher Pflanzen. Vergissmeinnicht, Schlüsselblume oder das Märzveilchen eignen sich hervorragend für gesunde wie schmackhafte Salate. Frisch mit Essig und Öl angemacht sind sie Naturkraft pur.

4_3 Die Wildnis ist Fèros eigentlicher Garten. Im Frühjahr sammelt er die Jungtriebe des Sauerampfers, Guten Heinrichs oder Leimkrautes. Jeder Naturkenner und Kräutersammler weiß: Allein die Suche nach den Pflanzen wirkt wie eine tiefe Meditation.

4_4 Besonders der Alpen-Milchlattich hat es Fèro angetan. Für die Ernte bricht er die Jungtriebe oberhalb des Wurzelbereiches. Im Sommer fallen die hübschen Pflanzen durch ihre weithin sichtbaren violetten Blüten auf.

4_5 Die intakte Natur bietet Nahrung in Hülle und Fülle. Kräuterkenner finden zu jeder Jahreszeit etwas für die wilde Küche: die Triebe des Wilden Spargels, die Brunnenkresse und auch die Blätter des dunkelviolett leuchtenden Lungenkrautes gehören dazu.

4_6 Ob Milchlattich, Löwenzahn oder Guter Heinrich: Von Wildpflanzen können wir uns – wie in alten Zeiten – gesund ernähren. Dazu gehört, gerade bodennah wachsende Triebe kräftig zu waschen. Naturwissen wurde von Generation zu Generation überliefert.

4_7 Die zufrieden machende Beschäftigung mit den wilden Pflanzen reicht bis in die Küche: Fèro widmet sich mit Hingabe seinem selbst gesammelten Wildgemüse. Gekocht oder mit Essig und Öl verfeinert, bietet er es auch gerne seinen Freunden an.

4_8 Die getrockneten Wurzeln des Löwenzahns röstet Fèro in der Pfanne für einen kräftigen Wildkaffee. Zusammen mit den anderen frischen oder eingelegten Köstlichkeiten ist es für ihn zuhause so, als speise er im besten Restaurant der Welt.

4_9 Für seinen Jahresbedarf weckt Fèro sein Wildgemüse kiloweise mit Essig und Öl ein. Er ist als echter Kenner der Natur, wie früher üblich, ein Selbstversorger. Zu seiner täglichen Nahrung gehören eingelegte Spezialitäten wie Wildspargel und Löwenzahntriebe.

4_10 Bestimmte Farne wie der Wurmfarn oder der Frauenfarn eignen sich als Heilmittel für eine äußerliche Anwendung: zum Einreiben bei Rheuma oder bei müden Füßen. Andere, wie die Wurzeln des Tüpfelfarns, ergeben einen leckeren Likör.

4_11 Den in den Alpen berühmten *Génépi* stellen Kräuterkundige aus der Ährigen Edelraute her. Er wird auch Bergaspirin genannt, da er Kopfweh und Erkältungen lindert. Die Wurzeln der Rosenwurz steigern die Konzentration sowie das Erinnerungsvermögen.

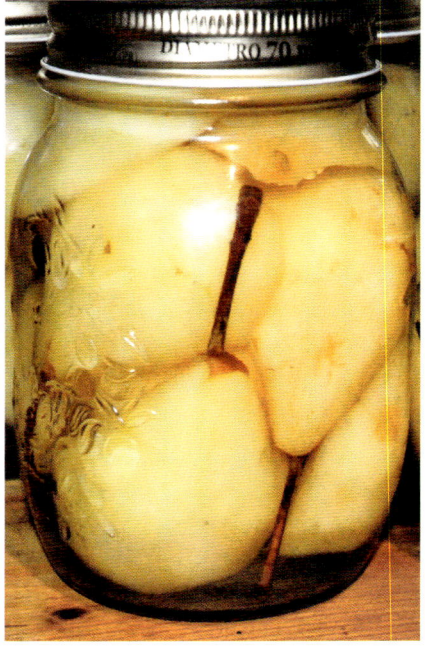

4_12 Der Herbst ist die Zeit, die wilden Früchte zu ernten. Jetzt schüttet die Natur nochmals ihr Füllhorn aus. Fèro presst Saft aus Wildäpfeln und legt Kornelkirschen sowie die *Martin-Secco*-Birnen wie Kirschen ein. So kommt er gut – und gesund – über den Winter.

4_13 Die getrockneten Blüten, Blätter und Früchte des Weißdorns ergeben einen vorzüglichen Tee bei Herz-Kreislauf-Störungen. Die Blüten der Arnika werden bis heute zum Einreiben bei Gelenkschmerzen oder Verstauchungen angesetzt.

4_14 Die Frühjahrstriebe der Berg-Kiefern, versetzt mit Zucker und monatelang darin gelagert, ergeben den *Mugolio*. Er wirkt bei Verkühlungen wahre Wunder. Fèro nimmt diese natürliche Süße auch für Nachspeisen und Joghurt.

4_15 Lärchenpech, vermengt mit Propolis, Johanniskrautöl und Arnikatinktur, ergibt eine ausgezeichnete, traditionelle Wundsalbe: bei Verwundungen, Verletzungen oder bei spröder Haut. Für Fèro ist sie ein Teil der täglichen Pflege.

4_16 Aus Isländisch Moos, dem „Kraut der Armen", lassen sich wohlschmeckende Speisen bereiten, beispielsweise ein kräftiges Naturbrot. Die Flechte ist auch als Heilmittel einsetzbar: Zum uralten Erfahrungswissen der Bergbewohner gehört ein Sirup bei Husten.

Die Kraft der Schachtelhalme und Flechten

Acker-Schachtelhalm *(Equisetum arvense)*:
> „Sammle ihn im Frühjahr und Frühsommer, wenn er die größte Kraft besitzt, indem du das Kraut über dem Boden abschneidest und es in Büscheln zum Trocknen hängst.
> Wasche bei Kopfschuppen deine Haare mit Schachtelhalmsud.
> Fußbäder in lauwarmem Tee fördern die Durchblutung.
> Für einen Badezusatz lass 100 Gramm Acker-Schachtelhalm eine Stunde lang in einem Liter heißem Wasser ziehen und setze den Sud dann einfach dem Badewasser zu. Dadurch werden Beschwerden bei Rheuma und Gicht gelindert und die Durchblutung gefördert. Es hilft dir auch bei übermäßigem Fußschweiß. Mach dies zwei- bis dreimal wöchentlich.
> Trink bei Nieren- und Blasenleiden viel Schachtelhalmtee. Er hat eine harntreibende Wirkung. Koche dafür zwei Teelöffel getrocknetes Kraut in einem halben Liter auf und lass das Ganze noch mindestens fünfzehn Minuten lang köcheln. Seihe anschließend alles ab und trinke täglich drei Tassen. Führe das drei Wochen lang durch.
> Mische bei starkem chronischem Husten 30 Gramm Acker-Schachtelhalm, 30 Gramm Spitz-Wegerichblätter, 20 Gramm Lindenblüten, zehn Gramm Thymiankraut, und zehn Gramm Fenchelsamen. Der Tee erleichtert bei Bronchitis das Abhusten des Schleims und stärkt die Abwehrkräfte.
> Rege den Stoffwechsel an, indem du für einen Tee 25 Gramm Acker-Schachtelhalm, 25 Gramm Löwenzahn, 25 Gramm Erdrauch und 25 Gramm Süßholzwurzel mischst."

Isländisch Moos *(Cetraria islandica)*:
> „Diese Flechte wird im Hochsommer gesammelt und gehört zu den besten Nährkräutern. In einigen Gegenden wird daraus noch

immer ein schmackhaftes Brot gebacken. Mit Olivenöl versetzt wird die Flechte auch als Vorspeise gereicht. Manche zermahlen und kochen das Isländisch Moos, geben Honig hinzu und füllen es in Gläser.

› Für einen Sirup koche in einem Liter Wasser zwei Handvoll. Schütte den ersten Absud nach kurzer Zeit weg, um die unangenehmen Bitterstoffe zu entfernen. Koche alles nochmals mit Wasser auf und seihe es dann ab. Gib 1/2 Kilo Kandis- oder Rohrzucker in den Sud und lass ihn einige Stunden langsam köcheln, bis ein dicker Sirupsaft entsteht. Fülle ihn in sterile Flaschen. Der Sirup kommt allen gereizten Schleimhäuten – Lunge, Darm, auch den Harnwegen – zugute. Sehr geeignet bei Husten, wie auch der Tee.

› Für einen Tee gib einen Teelöffel Isländisch Moos in einen Teebeutel, übergieße alles mit einer Teetasse kochendem Wasser und lasse es zehn bis 15 Minuten ziehen. Trinke ihn lauwarm, mit etwas Honig gesüßt. Er hilft dir bei Husten und Katarrh.

› Oder setze eine Handvoll Isländisch Moos über sechs bis acht Stunden in einem halben Liter kaltem Wasser an und gieße das Wasser anschließend weg. Koche das entbitterte, eingeweichte Kraut dann mit einem halben Liter Wasser zähflüssig, süße es mit Zucker und trinke es über den ganzen Tag verteilt. Das ist sehr wirkungsvoll bei Husten, Katarrh und Bronchitis."

Weitere Rezepte aus Fèros Kräuterwissen:

• **Enzianschnaps** *(Gentiana lutea)*: „Nimm 20 bis 30 Gramm getrocknete Enzianwurzeln und zerkleinere sie. Gib einen halben Liter 40-prozentigen Obstler hinzu. Lass alles ein bis zwei Monate ziehen. Schüttle es ab und zu. Seihe dann alles ab oder lass die Wurzeln in der Flasche. Verwende den Schnaps in kleinen Mengen als Magenbitter oder Verdauungstrunk."

- **Meisterwurzschnaps** *(Imperatoria ostruthium)*: „Nimm etwa 20 bis 30 Gramm getrocknete Wurzeln und zerkleinere sie. Gib einen halben Liter 40-prozentigen Obstler hinzu. Stelle die Flasche ein bis zwei Monate in den Schatten und schüttle sie ab und zu. Seihe dann alles ab oder lass die Wurzeln in der Flasche. In kleinen Mengen getrunken ist das ein schöner Magenbitter oder Verdauungstrunk."

- **Heidelbeerlikör** *(Vaccinium myrtillus)*: „Nimm 200 Gramm Heidelbeeren, gib 150 Gramm Zucker hinzu, dazu 700 Gramm Korn. Mische und quetsche alles. Lagere alles zwei Monate an einem kühlen Ort. Das gibt einen guten Verdauungstrunk."

- **Arnika** *(Arnica montana)*: „Fülle Blüten in eine Flasche, gib 90-prozentigen Alkohol hinzu und stelle alles 90 Tage lang in die Sonne. Seihe danach ab. Reibe die Tinktur bei Schwellungen, Prellungen, Gelenkentzündungen und Verstauchung ein. Die Entzündungen werden dann zurückgehen. Arnika ist auch gut bei Arthritis und Verletzungen aller Art. Wichtig ist: Immer nur äußerlich anwenden."

- **Gesundheitstee** *Tè del Benessere*: „Nimm folgende frische oder getrocknete Blätter: 30 Gramm Erdbeere *(Fragaria vesca)*, 30 Gramm Weißdorn *(Crataegus spec.)*, 30 Gramm Waldmeister *(Galium odorata)*, 30 Gramm Himbeere *(Rubus idaeus)*, 30 Gramm Wildrose *(Rosa canina)*, 30 Gramm Brombeere *(Rubus fruticosus)*. Zerkleinere und vermische sie. Das gibt einen herrlichen Tee."

Zum Weiterlesen

Naturführer aus dem Kosmos-Verlag

Aichele/Spohn/Golte-Bechtle (2008): *Was blüht denn da?*

Bachofer, Mark & Joachim Mayer (2006): *Der neue Kosmos-Baumführer*

Beiser, Rudi (2010): *Tee aus Kräutern und Früchten*

Beiser, Rudi (2014): *Unsere essbaren Wildpflanzen*

Dreyer, Eva-Maria (2009): *Essbare Wildpflanzen Europas*

Flück, Markus (2013): *Welcher Pilz ist das?*

Hecker, Frank (2010): *Welche Tierspur ist das?*

Hensel, Wolfgang (2014): *Welche Heilpflanze ist das?*

Hochleitner, Rupert (2009): *Der neue Kosmos-Mineralienführer*

Hochleitner, Rupert (2014): *Welcher Stein ist das?*

Schönfelder, Peter und Ingrid (2010): *Der Kosmos-Heilpflanzenführer*

Singer, Detlev (2013): *Was fliegt denn da?*

Spohn, Margot und Roland (2014): *Welcher Baum ist das?*

Stumpf, Ursula (2012): *Unsere Heilkräuter*

Über den Autor

Michael Wachtler, geboren 1959, durchwanderte und erkletterte jahrzehntelang die Berge der Welt, immer auf der Suche nach Neuland. In den Dolomiten, seinen Hausbergen, entdeckte er mehr neue Arten und Gattungen als irgendein anderer. Auf seinen Wanderungen, Reisen und teils sehr gefährlichen Touren verbringt er viel Zeit in der Wildnis. Er sah beste Freunde in den Tod stürzen, verletzte sich selbst oft und schwer, litt Kälte, Hunger und Durst. Immer geht es ihm darum, Grenzen der Naturerfahrung zu überschreiten.

Michael Wachtler ist ein Fossilienforscher mit internationalem Ruf. Er fand und beschrieb wissenschaftlich über hundert neue Pflanzenarten und -gattungen. Eine Sensation war es, als er den Urahn von Schlangen und Eidechsen entdeckte: nach ihm *Megachirella wachtleri* genannt. Auch am größten Goldfund in den Alpen war er beteiligt. In Innichen gründete er das Museum *DoloMythos*.

Aufgrund seines konsequenten Eintretens für den Schutz der Natur muss er sich bis heute zermürbenden, mehrjährigen Gerichtsverfahren stellen. Nichtsdestotrotz hindert das den Abenteurer und Naturphilosophen nicht daran, sich beharrlich für die Belange der Wildnis einzusetzen.

www.wachtler.com
www.dolomythos.com

Dank

Vieles wäre wohl nie an das Licht der Öffentlichkeit geraten, hätten nicht eigenartige Zufälle dazu beigetragen. Bei den Zitaten handelt es sich um Gespräche, die ich mit Fèro führte – auch um persönliche Aufzeichnungen, die er auf Pappe, Verpackungskartons oder Altpapier niederschrieb.

Innig bin ich Noris Cunaccia verbunden, die mir Fèro vorstellte. Dem Bibliothekar Mauro Valentini aus Tuenno bin ich wegen seiner uneigennützigen Art zu helfen zu besonderem Dank verpflichtet. Giancarla Zucali unterstützte mich mit wertvoller Hintergrundarbeit, Giovanni Leonardi aus Tuenno ließ großzügig seine Kenntnisse und Wissen über die Gegend einfließen. Auch Edith Campei danke ich für die Unterstützung.

Dr. Gotlind Blechschmidt aus Augsburg und Dr. Stefan Raps vom Kosmos-Verlag in Stuttgart waren für mich unersetzbare Konsulenten und Lektoren. Besonders bin ich all jenen Menschen verpflichtet, die sich um die Erhaltung der Heimat und Natur einsetzen.

„Von jenem Tag an, als wir uns kennenlernten, konnten wir unvergessliche Tage, reich an gegenseitiger Wertschätzung und gefüllt mit großartigen Gefühlen, erleben. Mutter Natur ist souverän genug, um uns den Blick in die Vergangenheit wie in das ganze Universum als ein Geschenk zu ermöglichen. Wo die Ruhe geboren wird, vereint sie sich in uns zum ewigen Frieden."

So lauten Fèros Aufzeichnungen als Dank mir gegenüber. Mit gleichen Worten gebe ich ihn an Fèro zurück.

Michael Wachtler, *Innichen*

Register

Namensregister

Ortsregister

Stichwortregister

halbfett markierte Seiten beziehen
sich auf Rezepte

Bildnachweis mit 150 Fotos: 1 von Edith Campei (3_7 rechts), 6 von Gerald Eisenschink (1_1, 1_7 oben und unten, 2_1 oben und unten, 3_4), 1 von Miroslav Vala (2_4 unten), 22 aus Archiv Ferruccio Valentini (1_2 unten, 1_3 oben, 1_4 alle, 1_5 oben und unten, 1_6 alle, 1_7 oben und unten, 2_2 oben rechts und unten links, 2_3 oben links, 3_12 alle, 4 oben), 11 von Mauro Valentini (1_2 oben, 11 unten, 2_4 oben, 2_6, 2_7 alle, 3_4, 3_12 oben rechts, 4_10 oben), 6 von Alexa Wachtler (2_8 rechts oben, 3_13 alle, 3_14 oben und unten). Alle anderen Fotos: Michael Wachtler. Außerdem 4 Farbzeichnungen von Michael Wachtler (3_14).

Umschlaggestaltung INIT Kommunikationsdesign unter Verwendung von 2 Fotos von Michael Wachtler (Vorderseite) und 1 Foto von Gerald Eisenschink (Rückseite)

Für die in diesem Buch beschriebenen Rezepte und Methoden übernehmen Autor und Verlag keine Haftung. Weder Autor noch Verlag haften für Schäden, die aus der Anwendung der im Buch vorgestellten Hinweise und Ratschläge entstehen könnten. Bei gesundheitlichen Störungen sprechen Sie sich mit Ihrem Arzt oder Heilpraktiker ab. Die vorgestellten Methoden bieten keinen Ersatz für eine therapeutische oder medizinische Behandlung.
Beachten Sie beim Sammeln von Pflanzen oder Steinen stets die länderspezifischen Gesetze und Regeln. Erkundigen Sie sich bei Bedarf bei den örtlichen Behörden oder den staatlichen Naturschutzbehörden.

Unser gesamtes lieferbares Programm und viele weitere Informationen zu unseren Büchern, Spielen, Experimentierkästen, DVDs, Autoren und Aktivitäten finden Sie unter **kosmos.de**

Gedruckt auf chlorfrei gebleichtem Papier

© 2014, Franckh-Kosmos Verlags-GmbH & Co. Kg, Stuttgart
Alle Rechte vorbehalten
ISBN 978-3-440-14160-1
Projektleitung und Lektorat: Dr. Stefan Raps
Satz: DOPPELPUNKT, Stuttgart
Produktion: Markus Schärtlein
Printed in the Czech Republic / Imprimé en République Tchèque

KOSMOS.
Natur tut gut.

Die Kraft der Wildnis.

Susanne Fischer-Rizzi ist in der Wildnis zuhause und schöpft aus dem Erfahrungswissen naturnahe lebender Völker und Kulturen. In zwölf Kapiteln zeigt sie unterschiedliche Wege auf, wieder mit der Natur in einen tiefen und erfüllenden Kontakt zu gelangen: seine eigene Zeit finden, die Natur verstehen, sich mit den vier Elementen verbunden fühlen, die Kraft bestimmter Orte spüren oder Tier- und Pflanzenverbündete finden. Ein wundervolles Buch für einzigartige Naturerfahrungen.

Susanne Fischer-Rizzi
Mit der Wildnis verbunden
240 S., 275 Abb., €/D 29,90

Naturreine Kosmetik

Mit vielen Tipps und kompetenter Anleitung gibt Myriam Veit ihr großes praxiserprobtes Wissen für naturreine Kosmetik aus heimischen Pflanzen weiter. Damit kann jeder für seine persönlichen Bedürfnisse Salben, Cremes, Balsame und vieles mehr selbst herstellen. Ideal für Allergiker und Menschen mit empfindlicher Haut.

Myriam Veit
Heilkosmetik aus der Natur
200 S., 241 Abb., €/D 19,99

kosmos.de

KOSMOS.
Gut zu wissen.

Der grüne Trend!

Auf der Wiese, hinterm Haus und im Wald wachsen zahlreiche schmackhafte Pflanzen. Die gesunden Wildpflanzen lassen sich wunderbar für Salate, Suppen, Nachspeisen und vieles mehr verwenden.
Dieser Naturführer hilft beim Finden und Bestimmen der wilden Köstlichkeiten. Vorkommen und wichtige Merkmale werden mit Fotos und Zeichnungen ausführlich vorgestellt.

Rudi Beiser
Unsere essbaren Wildpflanzen
280 S., 620 Abb., €/D 14,99

Die Welt der Heilpflanzen

Acker-Schachtelhalm stärkt das Gewebe, Gänse-Fingerkraut lindert Krämpfe und der Echte Lein versorgt den Körper mit essentiellen Fettsäuren. Unsere heimischen Heilkräuter fördern die Gesundheit und helfen bei Beschwerden. 160 Porträts führen leicht verständlich und mit zahlreichen Rezepten für die Anwendung zuhause in die spannende und hilfreiche Welt der Heilpflanzen. Garantiert ohne Nebenwirkungen!

Ursula Stumpf
Unsere Heilkräuter
256 S., 365 Abb., €/D 14,99

kosmos.de